手账式思维

过质感生活

穆晨王 著

台海出版社

图书在版编目（CIP）数据

手账式思维：过质感生活 / 穆晨王著 . -- 北京：台海出版社 , 2020.5
　ISBN 978-7-5168-2497-9

Ⅰ . ①手… Ⅱ . ①穆… Ⅲ . ①思维方式
Ⅳ . ① B804

中国版本图书馆 CIP 数据核字 (2019) 第 272940 号

手账式思维：过质感生活
穆晨王　著

出 版 人	蔡　旭	
策　　划	谢国计	
责任编辑	徐　玥	
装帧设计	米　乐	
内文制作	米　乐	

出　　版	台海出版社	
地　　址	北京市东城区景山东街 20 号	
邮　　编	100009	
电　　话	010-64041652（发行、邮购）	
传　　真	010-84045799（总编室）	
网　　址	www.taimeng.org.cn/thcbs/default.htm	
电子邮箱	thcbs@126.com	

发　　行	全国各地新华书店
印　　刷	三河市人民印务有限公司

开　　本	880 毫米 ×1230 毫米　1/32
字　　数	200 千字
印　　张	8.5
版　　次	2020 年 5 月第 1 版
印　　次	2020 年 5 月第 1 次印刷

书　　号	ISBN 978-7-5168-2497-9
定　　价	42.00 元

（版权所有　侵权必究 印装问题　致电发行）

目 录

一、松散而有形的质感生活

1. 质感生活的构想　// 005

　　1.1 质感生活构想的缘起　// 005

　　1.2 尝试有质感的生活方式　// 010

　　1.3 坚持质感生活的可能性　// 019

2. 用手账通向质感生活的道路　// 026

　　2.1 我们为什么要写手账　// 027

　　2.2 写手账能对人有什么帮助　// 032

　　2.3 什么是好的手账　// 036

3. 写手账需要准备什么　// 042

　　3.1 安排好时间是好的开始　// 042

　　3.2 你会用到的工具　// 052

　　3.3 写手账前最后一次心理准备　// 062

二、用手账管理健康生活

1. 健康身体是体验质感生活的基础 // 069
1.1 需要了解的身体原理 // 070
1.2 我们的感觉会被身体所左右 // 075
1.3 身心状态最高效的安抚路径 // 079

2. 更有质感的健康生活 // 084
2.1 实现健康饮食是第一步 // 084
2.2 说比做容易的规律作息 // 089
2.3 适当运动也是一种节制 // 100

3. 用手账记录和管理健康生活 // 106
3.1 可视化的身体管理方法 // 106
3.2 实现更好的作息管理 // 114
3.3 饮食和运动的同步管理 // 124

三、用手账管理情绪

1. 理解情绪才能控制情绪 // 138
1.1 理解情绪的具体作用 // 142
1.2 学会正确宣泄情绪 // 146
1.3 避免用情绪控制情绪 // 152

2. 更有意义的情绪日常 // 159

   2.1 积极识别情绪 // 160

   2.2 接纳自己的情绪 // 164

   2.3 有策略地让情绪成为动力 // 166

3. 建立情绪手账 // 171

   3.1 情绪手账写什么 // 172

   3.2 情绪手账怎么写 // 177

   3.3 用情绪手账找到情绪突破口 // 181

四、用手账管理社交

1. 我们无处不在的社交 // 186

   1.1 社交有多重要 // 187

   1.2 社交成就人也消耗人 // 193

   1.3 身边出现过于负面的社交关系怎么办 // 196

2. 识别他人情绪和处理相互关系 // 203

   2.1 如何识别他人情绪 // 203

   2.2 为什么要在人际中应用情绪的感染力 // 210

   2.3 如何处理相互关系 // 217

3. 建立社交手账 // 223

   3.1 人际关系的轻松交流和维护 // 223

   3.2 应对职场交际疲乏 // 226

   3.3 用手账提升识人能力 // 229

五、用手账提升人生体验

1. 懂自己的人才更接近别人 // 238
  1.1 认知一致性及其意义 // 238
  1.2 如何认识自己 // 243
  1.3 寻找生命中最重要的存在 // 248

2. 量身定制目标 // 252
  2.1 该如何定制目标 // 252
  2.2 日常目标的九个维度 // 255
  2.3 如何去坚持一个目标 // 261
  2.4 遇到坚持不下去的情况怎么办 // 263

一、松散而有形的质感生活

如果说要给质感生活一个定义,我希望是松散而有形的。

之所以要强调松散,是因为我们的确有必要适当放松自己,拥有弹性的生活,就好像去攀登险峰,若是只去关注目标的高点,则会错过沿途的很多美景。

"松散"赋予我们生命的宽度,"有形"增加我们生命的高度。

谁都会说现代生活压力巨大,但是人又总有追求更好生活的本能,基于我的工作,我经常会接触一些人,一方面羡慕别人拥有很美好的生活,另外一方面又对自己的现状感到非常失望,从而变得非常焦虑。

实际上,大多数焦虑都正来自这种"理想很丰满,现实很骨感"的人生体验,心中想要拥有一个完美的自己,但现实中却难以做到。

我想写这本书，因为我接触过太多身处美景而不自知的人，总抱怨自己没有登上险峰，我想提出的质感生活，正是去帮助更多人看到已有的美好，看到心中的力量，才能更有动力前行。

在我看来，一种有质感的生活方式，应该包含了三分松散，七分有形。

我们无须强调"必须"去做什么，因为我们好不容易突破自己去选择一种固有的生活模式，是为了在这种生活中让自己变得更好，而不是为了去羡慕别人更好的生活去逼迫自己。

人很难在被逼迫中找到意义，被逼迫的选择，是有限的，譬如 21 天养成习惯，100 天坚持某计划，在这些有限制的时间内，人很快就疲乏了，过了 21 天，非但很难养成自己想要的习惯，而且会让自己放弃个彻底。

我曾经坚持过 100 天每天听写三篇英文文章，且要保持 90% 以上的正确率，但是坚持完那 100 天以后，到 101 天，我就彻底放弃，再也不提这件事了。因为在这件事里，我没有适合的内在动力。各种规则帮助我坚持下来，却无法让我形成习惯坚持下去，至今我都不想去回想那 100 天。

这么长时间以来，我坚持了许多有益于自身的习惯，也放弃了很多不必要的坚持，越来越发现，好的坚持，并不是靠枯燥的规则。

好的坚持，一定具有强大的内在动力．明白自己真正想要的东西，再去坚持，这样不仅能有长远的动力，还能切实让人获得身心愉悦，且坚持了以后，能有真正的成就感。

松散和有形的差别，呈现在生活中，应该是明确且严格区分的两部分，一部分是为别人活，一部分是为自己活。

很多时候，我们痛苦于自己的努力不能带来美好的体验，正是因为为别人活和为自己活这两个比例，在时间分配中失衡了。

要么是太为别人活，失去了自己，感觉所有面貌都是做给别人看的，痛苦的讨好、为了面子的强撑，骄傲且自负的支撑。

要么就是太为自己去活，过于为自己，结果就是在苛责别人和苛责自己之间摇摆。

两种体验都不好，真正的愉快和幸福，在于能把为自己活和为别人活放到一个很平衡的位置。

平衡，并不是说要把两者做到一半一半，而是活给别人看的时候，给自己一点时间，一天醒着的时间中，七分给他人，三分给自己。

我们需要为别人活，要把自己的时间分配给亲密关系和社会关系，因为必须依赖这些关系，我们才能活得更舒适。

成就了别人，自己也就获得了成就和舒服的体验。这部分为他人活的时间，我称为付出时间。

而给自己的三分，正是那些别人帮不了你的部分。

人得有健康的身体、健康的情绪，为了获得这两者，我们起码要给这两者分配那么一点时间,就像是去参加一场考试,你的复习准备和你投入的时间成正相关,这种为自己生活的时间,我称之为个人时间。

个人时间和私人时间还不太一样,私人时间中可能会包含有亲密时间,但是个人时间仅指一个人和自己相处的体验。

这个体验对个人而言非常重要,从时间分配上来讲,只有真正为自己分配了一部分时间,人才会获得巨大的满足感,甚至都不用特别多,就会发现这一天过得有意义、有价值。而从体验来讲,给自己充分的个人时间,能让人更有幸福感,且关系到身体健康和心理健康,这两种健康体验都会提升生活质感,从结果来讲,对个人时间的尊重,能让自己理解自己和明白自己真正想要的东西,从而更能接纳自己的内在。

如果我对质感生活还有要强调的,那无非就是,不要实实在在地制定一条清晰明显的界限,让自己拥有一个缓冲带,不要对自己苦苦相逼,给自己设立一段缓冲保护自己。

这就要谈到关于自律的问题。

的确,自律是一个让社会更认可的技能,一个能严格遵守时间的人,无疑让人敬佩,但并不是每个人的教养环境都是如此统一的。

假使一个人的父母并没有给他守时的压力,在过往多年的生活中,这个人都处在比较松散的环境中,突然一下要求他严格遵守自律规则,这种没有准备过,没有从内心产生认同感的要求,需要调用很多的内在能量来应付,跟随积极能量一起被调用起来的，还会有非常多的消极能量。

之所以要给自己缓冲空间，就是要在缓冲时间里去消化那些消极能量，让自己前行起来不会被坏情绪给绊倒。这就是为什么我即便想选择早上五点起床，我也从来没有给自己设置时限的原因。

我们经常会被他人励志的言论和成功的行为所鼓舞，但是并不等于我们应该直接去逼迫自己那样生活，最好的方式是自己的内在接受了某种生活模式，然后慢慢告诉自己，向着那个方向前进，给足自己准备的时间和空间。

1. 质感生活的构想

1.1 质感生活构想的缘起

2018年夏天，我带着年纪不足四岁的女儿进行了一场说走就走的旅行。

从订票到出发只有两天，按家人的期待，三天就能回来，我们却玩足了半个月，5个住地，7个城市，15天时间，36小时动车里程，5500多千米。

考验了我和女儿是否相互厌弃的同时，也是一场能力挑战，女儿没有像我预想的那样，出现明显的改变，对我来说，确确实实是一个非常不得了的成长过程。

这场没有预设好的旅行，甚至逼迫我去买了一把指甲剪，因为我连孩子指甲会长得很快这件事都没有预料到，同时没有预料到的还有7月初沿海地区的梅雨季节，到哪里都是雨，给我们的旅行又增添了很多预料之外的装备。

有娃的朋友，见面都会问候我，是怎么做到一个人带孩子出去旅行的？又是怎么带孩子旅行了半个月还没有任何问题的？

没娃的朋友，言论思路就更加开阔一点，也许因为我不去做朝九晚五的工作，才有这些闲心到处跑吧。

可是实际情况却是，我在旅行中的确碰到了很多困难，还有很多在我预料之外的插曲。

简单来讲，安排好行程，确定好景点，保证准时乘坐上每一趟预定好的高铁，和朋友约好相聚，每天洗好衣物，且要全程照顾好一个孩子，安排好孩子的饮食起居，保证好自己和孩子的安全，其实压力并不小。

我曾经在凌晨六点抱着还在熟睡的娃跑着去赶地铁，等我们在七点半如期到达单日旅行团的旅行大巴上时，孩子坐在我身上醒了，又萌又蒙地忍不住撒了一泡尿在我身上。

当时我没有带孩子的换洗裤子，我自己更是没有，我默默看了看孩子，孩子也默默看了看我，我们都选择了沉默。这个小插曲最终在沉默中收场，热气蒸发了裤子的潮湿，同时还蒸发走了一场可能的风暴。

我很感激孩子没有在那一瞬间哭出来，但是想想，孩子也不会哭，因为对这类小概率事件，我的态度一直是开放包容的，我从不着急去指责孩子犯的错误，这样就避免了把自己急躁的情绪发泄给孩子，因此在很多关键时刻，孩子也就显得情绪很稳定。

正是一直保持着比较开放的心态，所以整个旅程中，我的状态也非常好，一直获得很多的帮助和理解，并且总是非常顺利地获得很多人的帮助，让我感到非常幸运。

这种好心态，和我在旅途中捕捉到的信息形成了鲜明的对比，旅行给我印象颇深的，除了各地不同的人文景观，还有一种不同于我日常生活的焦虑感。

那种扑面而来的巨大压力，冲击到了我和孩子，走在街上、乘个地铁、坐趟公交，只要是有人的地方就伴随着让人透不过气的窒息的感觉。

这种感觉我曾经有过，后来离开了一线城市，再加上时常精简自己的生活，这种压力和焦虑感渐渐远离了我的生活圈，我在反思，究竟是什么，让我从真正意义上远离了这些相对负面的感受，过上了轻快的人生？

如果只需要描述一件事情，那什么该成为我变得轻快的关键呢？

我想到了积极关注，这本来是应用在心理咨询中的一个技巧，是指在心理咨询过程中对求助者的言语和行为的积极、光明、正性的方面予以关注，从而使求助者拥有正向价值观，拥有改变自己的内在动力。

可是用在生活当中，积极关注的效用也非常明显，保持对积极方面的关注，让我在旅程中，迅速忘记了那些辛苦和不如意的过程，忘记或者说是忽略旅行中的不愉快，让后来的回忆都相当美好，不去揣测可能导致不愉快的事件，只相信一切已经发生的事情，让我能更加轻松地看待所有的际遇。

于是我发现，其实我们所有的遭遇都早早注定了，从人的念头起来的那一刻，就决定了我们会选择怎样的心态面对生活，而生活中那些细小的事情，也在我们一遍一遍选择以后，呈现了现在的样子。

同样是早上六点起床，抱着一个熟睡的娃去赶地铁，上了大巴以后，没有给孩子先上个厕所，结果孩子将尿撒在自己身上。

如果换一个心态会怎么样呢？

假如定好行程，早上六点必须起床保证按时出门，心里就充满了烦躁，开始抱怨这个旅行团为什么要安排去那么远的地方集合，为什么不能来接。到了天刚亮的清晨，为娘的抱着孩子苦哈哈跑了一路，孩子还熟睡着，一动不动，还要很辛苦地挤地铁，好不容易抱着孩子飞奔上了大巴，正想休息一下，孩子居然醒了，开始叫"妈妈"，奶声奶气却是一点都不可爱啊，听得人脑袋都炸了，孩子一泡尿下来，是不是一瞬间就能把人的怒火点燃？接下来可能会有长短不定的时间，把所有的压力、愤怒、不满全部发泄给这个刚醒没三分钟的孩子。

这样一段一开始就心情不爽的旅程，会走向什么样的结果？真的很难预料。

只有一点可以肯定，就是在这个过程中，每个人都在很努力地去完成旅途。

但是如果没有好心态和抗挫力的话，这段路肯定比从一开始就保持良好心态的旅途要艰辛，甚至可能一个人的不快乐会感染一片人都很不快乐。

15天的旅行，仿若一段漫长人生的缩影，我们所遭遇的事情，从一开始就注定好了走向，这些走向很大程度上并不以我们自己的意志为转移，决定方向的时点很多，可是很多都不在当下。

譬如我们模拟的不愉快的旅程，妈妈在孩子醒了以后，选择了对孩子发脾气，但是在发脾气以前，两个小时赶路的时间，甚至七小时前睡觉希望早起那一刻，甚至可能半天到一天以前定下旅行团开始，就已经在不断累积负面情绪了。

那为什么在定下旅行团的瞬间就不开心了呢？是不是在更早的地方就已经把负面的种子种下了？

每个人都要遭遇非常多负面的事情，这些事情有时并不能用简单的方式来化解。

我能轻装简行，除了去积极关注生活中的每件事情，还有就是用写手账的方式，随时把负面事件重新拆解分化，把影响心情的事件打碎重新揉到我的价值观里，在每个事件中都重新学习一遍，找出生活中不变的规律，反思自己的处理模式，从而学习到更好的处理问题的方式。

事件在向前发展，而我们对事件的观察角度和解读，却再次积累成了事件的下一个方向，每走一步，不管是好的还是坏的，都给自己一个修正的机会，这样就更能看清自己想去的方向，走上让自己满意的道路。

好在，尽管我们会遇到很泥泞艰难的道路，但是路很长，我们不需要生来完美，只要最后能到达自己想去的地方就可以了。

1.2 尝试有质感的生活方式

15天的旅行过程中，每天住干净卫生的酒店，每天都在奔向自己预设的理想之地，每天都保持着开心的状态，积极去处理旅途中的问题，所以在辛苦、透支的状态下，还有能力保持社交，积极和朋友们交流。

在我心里，有质感的生活不过如此，能有好的居住环境，尽管不大，但是足够精致美好；能有很好的身心放松方式，积极面对生活；能有三五好友，时常一起玩耍谈天。

回到家里，我很希望坚持这样的生活状态，就着手做了第一件事：整理衣柜。

旅行中，我全程只背了两个包，带了自己的三套衣服、三条裤子，孩子的三套衣服、三条裤子，还有一些换洗小件、一包洗漱用品、一包化妆品，加上必备的身份证明，除了每天洗衣服有点辛苦以外，基本没有缺什么，于是我得出一个结论，我们并不需要太多的东西，我们可以去整理自己的生活，让拖累我们的生活物品更少。

我选择的第一件事就是去整理衣柜，我把衣柜里的衣服分成了三类，第一类是近几年可以穿也适合穿的，第二类是可以穿但不适合再穿的，第三类是不可以穿也不适合再穿的。于是，一堆新衣服移出了我的视线。

实际上很多衣服买的时候并没有想到会被打入冷宫，但是基于自己平时的穿衣风格，就是很少穿到，而新衣服正是这样积攒下来的，买的时候认为，自己可能会穿到，也希望自己穿到，但生活习惯却让自己一直保持着原有的样子，把那些漂亮的新风格的衣服收在了柜底。

我的第一件事就是把这些漂亮的新衣服拿出来，并把当季的衣服放到显眼的位置，告诉自己，有合适的场合一定要穿，剩下一些常穿也符合风格的当季衣服也挂了出来，就是想提醒自己，适合自己的真的不多，而自己拥有的已经很多了。

接下来就是第二类衣服，这类还可以穿，但已经不适合穿的衣服是最让人纠结的。

不适合穿的衣服有很多原因，年龄和风格的变化就是第一位的，很多衣服自己非常喜欢，多年来也一直在穿，偏巧衣服的质量也非常好，质量方面没有任何问题，但是这些衣服已经不适合现有的年龄、职业和社会关系再穿了。

对这类衣服，归纳的时候就比较困难了，有些衣服会纠结上一会儿，七想八想，确认真的穿不了了，就规划到这一类里面。尽管已经很费心去做这件事，还是在之后有一件漏网的衣服，我认为自己可以穿出去见朋友，结果因为衣服看起来不符合年龄，害我一晚上都觉得别扭和尴尬，回来以后恨恨地放到了回收箱里。

最后一类非常容易辨认，有些衣服是新的，但可能是朋友送的，当时拿到手就能确认不是自己的风格，朋友还是执意送来了，最终时间证明，这类衣服既不好看，也不适合自己的年龄和风格，毫不犹豫地就能打包放回收箱了。

还有一部分是质量问题，或者洗涤的时候染色之类，觉得还可以挽救，但是确实救不了，这类衣服也可以快速打包放回收箱。

这件事我做了几个小时，但是收获也很大。

最大的收获是一个干净整齐的衣柜，所以我心情也变好了，房间里也能隐约闻到衣柜中散发的清新气味。当考虑第二天的衣着时，不是随意在衣柜里拿一件，而是可以在整齐的衣物中认真选择和搭配一下，也基于对衣服的不断熟悉，那些过去不知道怎么穿的不太熟悉的款式的衣服也得救了，可以在合适的场合穿出来。

这个简单、重复有点辛苦的第一步，促使我开始在房间里去瞄准新的目标。

接下来我开始整理客厅。

当年为了方便孩子爬行，我们把客厅的茶几搬到了一边，留出了整块客厅的地盘，铺上了软席地垫和健身毯，客厅有完全敞开的空间，但是由于承担了大多数的娱乐功能，所以客厅堆了很多孩子的玩具。

玩具越堆越多，就呈现一个状态，不想让玩具在地垫上的时候，玩具就被堆上了旁边的茶几，茶几堆多了就开始放进墙边的书柜，书柜也堆满了，就开始没什么顺序地东放西放，结果当然是想要的东西都找不到，甚至只要想到需要找东西，就足以让我头疼很久。

在开始整理客厅之前，我做了好久的心理准备，毕竟乱堆了很久，想在短时间之内获得很干净清爽的状态，光用想的都足够头疼一段时间，一般来说，我们只会有周末的时间可以用来统一收纳整理，而这一天也不能全用来收纳，会很累，要让自己轻快收拾完，还能保存体力给日常生活的其他事情，那么收东西的效率在这个时候就显得非常重要了。

我在手账本上写了一下策略，第一，我的收纳目标是想要做到目所能及没有杂物，最理想的状态是，桌子上空无一物，地垫上空无一物，沙发上除了沙发靠垫以外，也没有任何的杂物。

第二，把物品分成三类：一是孩子的玩具和书本，二是我们的可以分类整理的物品，三是可以丢弃的物品。

第三，整理方式包括看见一样整理一样和全部拿下桌子再分类整理，我选择了后者。

趁着周末，孩子爸爸带孩子出去玩的时间，我把所有东西都从桌子上搬了下来，把桌子擦干净，看到空无一物的桌子以

一、松散而有形的质感生活

后，我确认这就是我想要的。

好在我们的茶几在当时购买的时候就非常看重收纳能力，茶几几乎就是个分了格的大箱子，我把孩子的玩具和书本都放到了孩子的房间，剩下的就很少了，分类以后，再很有规律地放到房间各处，剩下无法分类也没有意义的，就被我愉快地全丢弃了。

正是这样一次又一次的收纳过程，我把家里的东西基本都全部整理和收纳了一遍，从视觉上来讲，空间真的是让人舒服了很多，没有杂物，就会减少思绪被干扰的机会。

我原本以为，这样的收纳和整理很难维持太久，毕竟有孩子在，孩子可能会迅速破坏这种整齐和谐，事实证明，我想多了，孩子非但没有破坏，而且由于实在太空，任何一个乱放置的物品，都会显得突兀，于是我的孩子学会了自己去把放得不对的玩具收回自己的房间柜子里。真正做到无杂物，才能让真的干净整洁成为可能。

这样的收纳过程持续了一年，我慢慢才发现断舍离这件事，如果只从表面去做，只能领悟其精髓的三分。

真正的收纳精髓在于，去收拾柜子先于收拾表面，只有当翻开一个柜子，一整个柜子全是回忆，还看到很多新到还没有用的东西的时候，才是真正会在收纳方面开窍的时刻。

你会看到很多东西是带有欣喜而买来的，但是却因为各种原因一次都没有用，是为这些东西找下家，还是安安心心将其扔垃圾桶里呢？

但不管做何选择，最终都会突然开始热爱和珍惜自己所有的拥有，会提醒自己东西尽量不要用到过期，也提醒自己每样东西都该积极拿出来用，莫到实在用不成的时候，空悲叹。

由于在家里处理了大量用不到的杂物，就会发现，所有自己很喜欢的小物件、小纪念品都会有真正好的位置来摆放了。我不再纠结是否需要去留一些有纪念品性质的小物件，只要是值得留的，而且是我真的很喜欢的，我就会毫不犹豫留下来。

我还会专门留一个空间，摆放外卖盒子和筷子。原本这些东西都是直接顺手就扔了的，可是后来我发现，不管是什么样的杂物，永远都有其服务的对象，外卖盒子和筷子是小朋友们做手工的良伴，于是我定期会送到孩子的幼儿园去，给老师带孩子们一起玩。

伴随着断舍离方面的开窍感，我突然获得了一堆偿还轻松的账单。

我不再把压力发泄在购物上。用消费来宣泄压力，只会通过购物账单，又给了自己一波更强的压力。

真正去反思自己的生活，很多情况下的购物行为，并没有达到预期中的效果，现在的广告总把产品和快乐这个情绪联系在一起，购物的当时可能挺快乐的，但是消费以后摸摸钱袋，或者看看账单，那种心情就难以形容了。

人很容易在大喜大悲这样情绪波动比较大的时候购物，失恋分手后的账单会远高于平时的消费，人还会在信息很繁杂的时候选择无脑消费，这也是为什么那些生活、工作环境比较乱的人会相对比较容易产生非必要消费的原因。

为了避免类似的非必要购物情形，可以用做手账的方式给自己的购物做个规划。

第一，购物规划包括了解自己的平时消费习惯，在遭遇哪类物品的时候会想也不想就直接选择购买。

我在收纳整理的过程中发现，我会在买玩具的时候，想象这个玩具孩子能自己一个人玩很久，就买了。可事实上，并没有任何一个玩具孩子会自己一个人玩，结果很多玩具她都玩了没几次。把这些玩具整理且收纳整齐以后，对孩子而言，是重新获得了一个新玩具，结果就是，我既避免了重新买一次玩具，又激发了孩子的新鲜感。

还有部分玩具她的确不喜欢，当初买也是我喜欢就买了，并没有考虑孩子的喜好，这些玩具我都打包起来，只要有机会，我就会拿去送给别的小朋友，孩子基本都没有注意到，毕竟都是她不感兴趣的玩具。

当然，后来随着孩子的成长，可能也是受到我时常说要趁自己有掌控力的时候，赶紧处理自己心爱的玩具，孩子也会积极把自己的玩具送给别的小朋友，还会告诉我，她的玩具已经很多了，不需要留在家里了。

另一个购物习惯是，我会很爱买书。

买书行为可以算是给知识焦虑交的智商税，读书的速度永远赶不上买书欲望膨胀的速度，且买书的同时总会伴随着

"这本书我一定能很快读完"的幻想，结果没有读完就更加焦虑了。

一次次的收纳，让我发现，我不仅爱给自己买书，还爱给孩子买书，这导致从茶几上搬杂物下来的时候，还有两本新书躺在那边，是孩子高高兴兴请我买了但是回来并没有看的。说明我当时买书的时候就很随意，只是为了满足自己的购物欲，并没有仔细琢磨孩子的需求，买回来以后，孩子也仅仅是用来当摆设，并没有去深究书的内容。

想到这种纵容会带来的恶劣影响，我把孩子的书分批次放到了客厅的书架上，孩子方便拿取的地方，结果孩子反而很愿意去翻一翻这些书，每天一副很认真的样子拿出一本看完，放回去再新拿一本出来看，有时候孩子也会很高兴地让我念给她听。

对一些看完的，或者已经不适合她年龄看的书，我会邀请她一起把书送给别的小朋友，她一开始很抗拒，后来渐渐也能接受这件事了，就更加珍惜我给她买的书了。

第二，针对不同的购物方式给自己一个节点。

以我为例，我会想象给孩子买玩具来减轻自己陪孩子玩的负担，但是事实证明并非如此，于是我给孩子买玩具之前就会先带孩子去看看玩具的实物，观察一下她是否很喜欢这个玩具，并且是能懂得如何玩的，我再给她买。

买书这件事，我看到想要买的新书，会先放到购物车里，回来整理一下自己正在看的书，大概多久能看完，基本坚持看完一本再买一本，这样的结果是，我没有随便多买书，也促使自己更快去看完了已有的书。

第三，购物规划里应该要有一类绝对不碰的商品。

有一些物品并不存在收藏纪念价值，买了就贬值，且越放越贬值，丢起来的时候会觉得是个好东西，可是放在那里，不时常打理的话又着实难看，我把这类物品称作没有价值的装饰品。这类物品在商场里摆着的时候，非常治愈，好看得让人心动，放到家里就是又占地方又没有用，丢起来还不好丢的东西。

这类物品我会选择看看，但是不考虑放到家里，实在喜欢就请它在购物车里待上一段时间，然后就会慢慢磨灭对它的幻想。

如果说收纳、丢弃和整理是对自己现状的改善，那么改善购物习惯就是改善自己的未来了，只有从源头上杜绝了情绪消费，才能在生活中减少被情绪消费所累的机会。

要说有什么是必须要买的东西，每个人的看法是不同的，而且每个人的生活习惯也是不一样的，我建议的第一原则就是购买的东西必须能够融入自己的生活，第二原则是淘汰之后便于处理和丢弃。

我很爱买钢笔，但是和普遍的收藏家不太一样的是，我是真的要用钢笔，每天出门会带一个包，包里装有六七支钢笔，为了让每支钢笔都能被用到，我给每支钢笔都用上了不同的墨水，而且我确实有记笔记的习惯，因此每天都可以用到。如果遇到同样喜欢钢笔的人，我会随手赠送，一旦钢笔尖坏了且无法修好，我会告诉自己，我已经用够它了，它可以顺利地离开我的生活，然后将它丢弃。

正是这样，我不算特别担心自己买钢笔，因为所有的钢笔都有一个流通体系。

用这样收纳、丢弃和规划的方式，我发现，人是活在过去和未来的生物，我们所有的购物都是买的未来，我们所有的珍藏都献给了过去，反而对当下，该珍惜的，我们却很少有机会去认真对待。

想让生活更有质感，正是该从当下出发，用一系列简单的、切实可行的办法来清理我们的思绪，理清我们的生活。

1.3 坚持质感生活的可能性

在我带孩子出去玩之前，我坚持了一年多有条理的生活。

我每天早上五点起床，每天有半小时以上的肌肉训练时间，每周有两次以上的跑步运动，每天背单词，每天保持阅读习惯。

继而我做到了每天保持两个小时左右的手机使用时间，每天晚上十点用软件保证我不再使用手机。

旅行回来以后的某一天，我突然很想写文，我想，那就开始写吧，接着每天写一篇文，一天都没有断过。

所有这些事情给我的感受就是，一开始我坚持每天早上五点起床,是因为我需要一段单独的时间,这段时间我不想带娃,也不想应付任何人,我只想做一点自己的事情,甚至我只想做一点点运动。考虑到晚上来做这些,我除了疲倦,不会有更好的感受,我就想到,也许我可以试试早起。

但是早起之路也不是头天拍脑袋,第二天就能做到的,仔细思考的话,这颗早起的种子埋在我心里很多年了。如果说我妈妈在我很小的时候,早上六点起床开始健身也算是一颗种子的话,那么那些激励我早起的书,就给了我切实的范本。

但是从我下决心早起到真正开始实践,中间还是有三个月的时间,这段时间也许看起来浪费得莫名其妙,但是有时候适当的停滞不前,是为了让前进的时候更加充满力量吧。

在这三个月时间里,我的身体和头脑可能一直都在捕捉早起的必要性这种信息,每次接收到新的必要性,都让我很高兴,结果就是真正开始做的时候,再也没有什么能阻碍我,让我顺利实现了长期的早起。

而对早起这件事的坚持,让我不再担心我什么能做什么不能做,当我面对要做的事情的时候,我不会再去思考这么做可不可能,而是会自然地认为,我都能把早起这件事做到,还有什么是不能做的?

这才是我能够一直轻松克服困难,带孩子去旅行,并且一路都选择艰难选项的终极动因。

如果形容起来,那应该不是我为了做这一件事牺牲其他的事,只为了做成这件事的感受,而是,我做这件事,只是我每天寻常做的所有事之一，做一下这件困难的事情，并不会影响和改变我的整个计划。

所以包括每天能坚持健身在内，都只不过是因为做到了早起而顺理成章实现的，其他就像叠叠乐的木块，一块一块叠放在这个基础上，事情越放越多，却都在可承受的范围内。

后来发现为了保证在晚上十点准时把我的电子设备们都锁起不再使用，我会在早上起床以后，原本打算消遣的时间，去做一些稍微有点困难的事情，譬如说早上起来选题材、写文章。

因为很喜欢写文，才选择了新媒体模式的运营，可是新媒体有一个共同的特点，求新求快，且要求准时，每天晚上十二点都是最后期限，想赶在十二点以前刷足存在感，那么就要把一天中所有的时间都安排精确。

我曾经试过一段时间都在最后截止时间边线上发文，结果是自己非常疲乏，且文章内容的质量也很不佳，且拖到最后一秒钟，会把一整天的时序都拖乱，做什么都心神不宁。

于是我给了自己一个期望，把发文的时间放在每天早上九点以前，我希望在每天早上九点以前把一天中带来实际压力的事件都解决。

之所以我只是给自己一个"期望"，是因为我需要接纳自己可能发生的一切不准时，譬如我期望在孩子起床以前把文章写完，但是可能孩子会提前起床，这样我就要压住做事做到一半被打断的不愉快的感觉，去陪孩子，送孩子上幼儿园。由于我只是给自己一个"期望",所以在面临时间压力的时候,我就能迅速安抚自己,免得迁怒孩子和家人。

同样,我发现,如果有一个期望的底线,那么选题就会更加有效率,在组织文章的时候,也能更快去整合好思路,而且写文的质量也会更高。

这个过程让我发现,我们只有用柔软的底线去应对本身就很有压力的事情,才能让自己随着事件的发展去成长,而不是被事件逼到无路可退。

这就说到一个问题,我为什么能自律,以及通过自律去追求我想要的质感生活?

有一个众人很不愿意提及的规则就是,人的出生很重要,一个人生长在什么样的原生家庭里,基本就决定这个人的道路会怎么走,尽管会有稍许差别,但是提取出核心,基本会呈现很相似的状态,因此,自律对不同的人,意义是不一样的。

生长在本身就充满了自律氛围家庭的人,可能会非常不能理解,为什么有人连守时这么基本的事情都做不到,当他想要通过自律实现自己的目标时,就很轻松了,因为这一直都是自己的日常。譬如我见过军人家庭的男孩子,把家里收纳得干净、一尘不染,对他来说这是日常必须做到的事情之一,是件很寻常的事情,既花不了他很多心力,也不费什么脑力。

可是,并不是每个人的生活环境都有自律的模范,很多人会在柴米油盐中磨平棱角,变得柔软模糊,对孩子守时、自律、严谨可能能保持口头要求,但是真的实践起来,多数情况是父母自己都做不到，也不知道别人怎么做到的，自然就无法给孩子更好的方法。

对后一种家庭成长起来的人来说，想要走上自律的道路，就自然困难重重，如果不是身处这个随时都能获得所有信息的时代，可能连"自律"二字都很难接触，再加上人会对习以为常的事务不加任何思索，自然接受一切，就会过上和原生环境一样的生活。

我母亲很自律，我父亲会跟随当下去改变自己的生活状态，追求舒适度，父母对我有很多关爱，对我的自律要求正是停留在口头上那种，因此，我并不是一个天生自律的人，我走过颓废的低谷。

我有过非常没有节制的生活，曾经玩到夜里两三点才和朋友告别，早上八点被愤怒的父母喊醒，我还表现得更愤怒，因为我认为他们完全没有理解我的生活。

同样，我一直有心去做更让自己开心的事情，可是每次到真正要做的时候又开始拖延，以至于到后来对自己的目标只有隐约的印象，我明白不可以保持现状，却不知道该如何去改变现状。

这样的生活方式，让我积压了非常多的负面情绪，一方面工作很不如意，不管怎么去努力，怎么去发展，职业前景都不是我想要的，另一方面尽管有高傲且自负的表象，可是却实实在在和周围的同学朋友存在现实差距，所有这一切都让我感到很无力。

正是这样的低谷，让我在后来看了很多书，实践了很多的方法，在一步一步往上爬的过程中，有了更多细腻的体验，很多人的自律体验属于天生神力，一些能写出如何自律的作者都是本身就比较自律的，并没有办法给一个本身处于泥潭的人更好的建议。

好在我不仅曾经很颓废，而且我对我的颓废有过长期的记录，因此我不仅记得我怎么颓废的，还记得当时的心情，并且如何一点点摆脱颓废的作息和找到值得为之努力的事业也在我的记录中，这些内容整合和提取线索以后，就是一个充满细节的帮助手册，于是也给了我一个结论：有自律的质感生活，是可以通过后天习得的。

这要感谢我写手账的习惯。

很多年前，我意外爱上了写手账，一开始只是简单的杂记，后来跟着时间开始了填写式的写手账，再后来，我每天都要写一页手账，再往后，我每件比较重要的大事都会用一页手账来陈述和分析。

首先，写手账改变了我对事件的认知，很多事情的发生看起来是因我而起，但实际上却是在一个客观条件下因时顺势而发生的，因此我学会了不去追悔已经发生的事情，我更关注当下，更关注在发生某件事以后，去重新建立一个新的对事件反应的方式。

再有，写手账的确是能最快消化负面情绪的方式。并不是长篇大论地记录一个事件，而是带有思考地去写手账，并且在一个事件的结尾得到一个结论,防止自己再次陷入思维怪圈。

最后,我认为最有效的,应该是培养了我坚定的性格,这个坚定源自我能把事件从头到尾看明白,理解其本质和核心,也就能够根据结果去选择一个符合当下的最佳选项,这样不论周围的人、事件、环境如何变化,都能在看明白本质的情况下,进行最佳选择。

我们总是身处一个看似有得选的环境中,却早就没得选,很多时候事件从有第一念头开始,发展方向就已经被决定了,而通过手账记录的方式,我们可以重新思考自己遇到事件的第一念,从而发现自己最想坚守的方式,再去思考适合的方法来帮助自己坚守。

通过这个过程,我从一个遇事消极被动的人,开始积极去思考自己的人生目标、想要的方向,并且努力去追求,这种努力让我觉得动力满满,并不像过去,看到一件自己想做的事,打鸡血鼓励自己去做,然后就陷入更加负面的情绪当中。

这个努力的过程需要持续很长时间,我从来没有因为想到自己要追求某个目标而感觉耗尽了心神,而是会为了这个目标产生更强大的能量,去更好整合自己一天的时间安排,从而动力十足。

所以我相信,当人心中有目标和方向的时候,时间是公平的。

质感生活并不是一个天生的技能,并不存在一个人天生的自制力优于其他人,而是这个人在现实的生活中,不断去修炼和学习。有自制力的质感生活，是可以后天习得的，这个过程或许很长，并且需要付出一些努力，但不是完全不可能的。

2. 用手账通向质感生活的道路

对大多数人而言，身处一个信息很发达的时代，获取信息或者说想研究一件事已经没有过去那么高的代价了。

在这样的环境中，记录信息也变得相当不必要，毕竟想要什么资讯都是能随时获取的。

还有，记录信息的方式，已经变得相当简单了，无论是思维导图还是日程管理，甚至想记个日记，都有相当多的软件来协助一个人在电脑、手机和其他的各类电子设备上实现，这么看来，完全没有必要去强调手写。

尽管趋势的确如此，但是，我在八年前第一次接触手账相关的东西时，便发现了其中的趣味和生命力。

时至今日，我一直未间断用手账对自己的生活进行管理，从早前非常少的资讯到现在看到更多的人都依靠这一方式来管理自己的生活。

可这些远远不够，手账的应用面还可以更广泛，广泛到对当下可以管理我们的日常生活，对过去可以帮我们清空头脑中无用的思维，而对将来，可以指导我们的发展方向。

在我的心理咨询工作的实践过程中，我发现很多人遇到的问题都是弯弯绕绕又转回来的，与其去找别人倾诉，不如拿出纸笔，切实记录下来，也许可以让自己的思路瞬间变清晰。

2.1 我们为什么要写手账

写手账的速度肯定比不上电脑打字的速度，在这个快节奏的时代拿出手账本来记事，场景是有点违和的。

例如，在过去记账是用手记的，但是现在更多的软件能管理好记账这个任务，而且能提供更清楚详细的账单，这时手写的优势便很难被突显出来。

正因为应用场景有限，所以最多受到学生们的追捧，很少有上班族愿意坚持写手账。

可是事实上，上班族更需要通过手账来解决自己所遭遇的实际困难，手账可以清理心中的负能量，还可以理清做事思路，对一个职场人士的帮助是相当大的。

为什么要强调手写呢？

用拼音打字来看，打出一个字基本上敲几下键盘就出来了，短一点的一个键就能跳出字，长一点的敲到六个键吧，且越来越简便的输入设计，从硬件到软件都在提升打字输入的体验，因此就会更让人依赖打字而放弃手写。

手写要一笔一画去写，大多数记录能用到的中文字是十画左右，根据每个人写字的速度不同，花的时间也会有相当的差别。

但是用手写也有很多的优势，是在电子设备上输入的时候望尘莫及的。

首先，用手写，能把产生想法的速度变慢，让想法变得少且专注。

很多人不能理解，想法变少了，那怎么去应对现在快节奏的生活？

事实上，恰恰相反，唯有想法变少，才能在这个快节奏的社会中忠于自己的内心。

很多人用了各种方法来修行，宗教式的、心理修养类的以及运动的，其目的就是达到某一刻的心灵平衡，《南怀瑾与彼得·圣吉》这本书里描述过一个达到开悟境界的状态："截断众流，顿然而悟。"截断众流是定的境界，顿然而悟是慧的境界，这叫定慧等持。

这个描述，其实就是你在那一刻无思无念，至高平静的状态。

人的想法并不都是高质量的，往往想法很多的人，产生的大多数想法并没有参考价值，甚至过于多虑，对人本身也是有伤害的，这是由于人的想法超过一定量以后，就会开始朝着负面的方向发展。

举个简单的例子，想法很少的人，到了决定吃中饭的时间，第一个想法是去吃面，第二个想法是去哪里吃面，第三个想法是如何综合时间和地点等因素决定最终的地点。

想法很多的人，到了决定吃中饭的时间，第一个想法是去吃面，第二个想法是去哪里吃，第三个想法是某某的面不好吃，能不能换个地方，第四个想法是要不然面也不是很好吃，那还是去吃饭吧，后面开始循环：吃饭的地点，A地好吃但环境不好，B地不好吃但环境好，C地环境一般，吃的一般，但是很便宜。

看，想法很多的人想太多了以后，这些想法就开始在头脑中打起架来，最后自己都纠结得很痛苦。

很明显的结果是，想得越多，最后成功的选项就越少，不乏有人纠结了一番，最后随便选了个选项，还觉得其他所有选项恐怕都优过这个选项，仍然对自己最后的选择相当不满。

这种时候就需要写下来。

写的过程中，人的思维会慢且专注，假如有其他的思想冒出来，也会由于正在写的内容而被盖过去。

这种专注，反而能让人迅速地把自己的选择执行下去。

假如真的要在几个并不算太多，但是都很重要的事情间做选择，用写手账的方式，在纸上直观陈列出来，也能帮助自己迅速找到心之所向。

其次，用手写字，能让自己印象更为深刻。

现在打字的体验空前好，也空前方便，电脑越做越薄，越来越方便外出携带，电子设备基本能覆盖一个人一整天的大多数活动。

因此，写手账更是时间和习惯双向的不经济。

但是，还是要推荐写手账，这是由于写手账能让人的记忆更为深刻。

大脑处理信息的过程快且多，符合大脑习惯的信息，会被迅速就处理掉。记录下来的内容，大脑会自然认为已经进行过处理，信息已经放在了很安全的地方，就会放心地忘记这个信息，给新的信息腾出输入空间。

用电子设备记录的，信息就处理得相当快，大脑并不会特别记忆，只会把这个信息当作一个普通等级的信息，一旦大脑认为信息被记录了，就会开始去处理别的信息，这就是为什么我们在手机或者电脑上列了清单的事情反而会忘得更快，有时还必须依赖定时提醒才行。

一笔一画写下来的过程中，本身记录的速度就比较慢，对大脑而言是慢速的加深记忆的过程，这样的结果就是对事件的印象比较深，而且大脑会产生更多的做事思路。

最后，用手写下来的内容是最适合大脑理解的内容。

我们可能会看到手写的东西不整齐，也会看到手画的线条不笔直，但是，不可否认每个人都只能画出符合自己想象的东西。

长期以来我都在咨询过程中使用风景构成法展开话题，实际上连风景构成法的发明者，都不能完整阐释自己的整套理论中，所画的每个事物所代表的具体的意思，这正是因为，即便有一个大框架表示某物是什么，但是在每个人的心里意义都不一样，都需要当场再去和对方对话，达成沟通和理解。

这和写手账是一样的，我们每个人呈现在一页手账上的东西，是否规范，是否符合审美，这些都不重要，最重要的是，我们只能呈现我们所理解的内容，而且每个人理解的不一样，呈现的也不一样。

可以说，千人千面，每个人的书写风格也都差别很大。

我一个朋友字写得整整齐齐，却喜欢不留空白的写法，于是把他的手账翻出来，就是满满的一页，另一个朋友就很受不了这种丝毫没有空白的写法，在这位朋友的手账中有很多空白，字写出来是以方块为形状的。

这样风格迥异的两个人，如果强行要他们按对方的写法，那么他们对手账失去耐心是迟早的事情，因此，对他们这样不同的风格，我都是赞扬的，只要写，就没有好坏，没有高低。养成了写手账的习惯，每天能留出一些固定时间来写手账以后，才应该去考虑用更好的方式写手账。

而且每个人能理解自己写的手账，丢给别人却不一定能理解，特别是当你的手账是模块化呈现的时候，更多人会无法理解你的手账。

我们看到很多宣传思维导图的人，把自己的思维导图放出来以后，做图的人觉得清晰无比，但是旁人却很难看懂，还要经过好一番解释别人才能明白，到最后，即便针对完全一样的内容，每个人又会做出完全不一样的思维导图。

每个人都有自己独一无二的解码系统和关注重点，只有写下来，才能知道自己在想什么。

2.2 写手账能对人有什么帮助

用手账的第一个好处——获得更好的规划性和时间感。

多年前我第一次对手账有个清晰的认知,源于我读书的时候遇到的一个思路清晰、成绩优异的女孩,她在安排时间的时候拿出来一个月计划本,在一页有四周的月历上,根据时间写下了我们讨论的结果,有了一个清晰的时间安排。

当时内心还有点小羡慕,这个女孩一直拿着一等奖学金,且还能把学习以外的生活安排得很妥帖。

那个时候我已经开始了记录时间的尝试,原因是根据老师的推荐看了格拉宁的《奇特的一生》,里面记录了柳比歇夫对自己的时间管理方法——忠实记录下了所用的每一分钟时间。

这个方法也许很有用,但实际上尝试的过程让我很难过,因为我很难每一秒钟都忠实记录下来,更何况还有很多的社交安排,大多数时候都还在没有书桌的环境,如果每一秒钟都要去看手表,记录时间,会让身边的人很有压力,甚至产生格格不入的感觉。

当然还有一个重要的状况是,这个过程让我很受挫,更深层次的原因在于我们根本没有自己想象中那么自律。

事实上,根据书上的讲解,根据柳比歇夫本人所记录的,一天能保持高效学习和工作的时间也就四到六个小时,那还是在他本人非常自律且时间感相当强的情况下。对于一般人而言，展开记录，可能能记到的只有两三个小时的高效学习和工作的时间，其他的时间花费，可以说是令人震惊和相当挫败的。

尽管那个时候我的记录方法并不算很好，但是我还是认可这个记录时间的方式的。而且在我之后的学习、工作和生活中有相当多的改进，毕竟如果无法记录所有的使用时间，那就应该去有重点地记录好最重要的时间。

也就是，如果在相当一段时间内，我的重点是完成某个项目，或者完成某个深度的学习，那么就应该忠实记录下每一次完成这个项目或者学习的时间。

相比每件事都记，这样有重点、有目标的记录会更好。

但是就算这是段很挫败的体验，可还是给了我一个很重要的经验，就是我在记录时间的过程中，拥有了相当强的时间感，我可能会在晚上回顾一天时，还能想得起几点几分做了什么事。

第二个好处可以说是更重要了，这也是这么多年我乐此不疲一直写手账最深的动因——清空负能量。

同样是读书的时候，我朋友说他的父亲每天记日记，记了几十年，人到中年的时候，日记本成了书柜里的大头。他也和自己父亲一样，每天都要写日记。

那时我比较佩服他的是，他能用很冷静的方式去思考问题，记忆力好得令人惊叹。

我那时候还没有体验过每天写日记，只是觉得这应该很费时间吧，而且该是有多严谨的人，才会保持每天都写日记的习惯呢？

没想到凡是过心的都是会有机会去行动的，后来我也开始了每天一页甚至几页的写日记行动，渐渐又把日记升级成了手账的记录方式。

手账就像我生命里的一个"树洞"，有时候，事情很多，生活很烦，把这些负面情绪写在日记里，内心进行了宣泄，大脑很快就放心地遗忘了。

就好像大脑非要保持一个复仇开关，被别人所伤害，大脑就会时时提醒你曾经被何人以何种方式伤害过。

我想原理应该是想要提醒自己不要再被同样的事情伤害，但是被这个情绪所折磨，本身也是一种伤害啊，很多人会一直走不出过去的阴影，将某件事的伤害不断扩大。

是的，人世间很多的苦难困难得超出想象和理解，但是，客观来讲，除了自己去正视和心疼自己以外，还有谁会真正关心你的苦难？

写下来，正是这个复仇开关键的关闭选项，一次不够写两次，两次不够写三次，一本不够写两本，两本不够写三本，总之，开始写就对了。

写手账的第三个好处在于，通过写手账能理清思路。

大面积写日记也是可以在一定程度上把所受到的压力和伤害减轻的，因此我也推荐还没有学会写手账的人，先从写日记开始。

这里就涉及写日记和写手账的差别了。

同样是每天都记录自己一天的生活,但是日记和手账的差别还是很大的。

从字数来看,日记是以描述清楚事情为标准,往往写下来会有很多字,而手账则是以理顺逻辑为标准,会包含很多图标、符号和连线,理清楚内在关系,很多时候就不用写太多的字。

从最终呈现来看,日记是像写文章一样,写出来是连片的,有时候字不是很好,那么写出来根本都不想再看,手账有图像化的呈现,会更加符合轻松阅读的习惯,而且很多时候只记关键词和情绪词,看起来也清晰明白很方便。

写手账会把时间、分析和结论分开,这样不仅能忠实记录下当时的情境,原画再现一遍,还可以通过原画呈现,对当时的情境进行理性分析,而结论部分就更重要了,直接决定一个人下一次的应对策略。

很多人习惯沉浸在对过去的反思中,有时候反思得过多,就会表现为没有实际意义的自责或者后悔,这对现实并不具有指导意义。

通过写手账,可以把过去的事情再回溯一遍,且又能清晰明白每个人当下做出选择的成因,从一个更为宏观的高度来理解自己和他人的选择,这是有意义的,也正是这样的分析到最后的成因表达,不仅能让自己放下心结,更能让人更积极地面对未来。

也就是说，手账对人的帮助，是由表到里，从众多的现象到每个人特殊的内心这么一个过程，这是单纯叙述式的言语表达所不能及的。

言语会说得很快，而且会挑让自己更舒服的方式去表达给别的人听，别人在倾听的过程中可能会模糊重点，或者干脆扭曲事实，更容易形成一直避重就轻的习惯。

手账是写给自己看的，写完想留就留下，不想留就撕下来扔了、销毁，这种情况下，对自己会更为真实一点，也能更清楚看到自己每个行为、每种选择背后的真实成因。

2.3 什么是好的手账

人在没有发掘足够的动力时，是很难说服自己去做一件违背自己习惯的事情的。

首先，对于大多数人而言，坚持写手账很困难的原因就在于写手账的应用场景不足。

以现在人的生活习惯来看，在书桌前的大多数时间是在用电脑，基本是在应付工作和学习，剩下的时间都留给了方便且随处可用的手机。

这样的日常场景就决定了，我们在非工作、非学习的时间，连坐到书桌前的机会都没有，随便哪里坐一下、躺一下，时间也就过了，很多家庭里甚至都不会专门备书桌，简单一个电脑桌就搞定了。

再者,很多对手账的宣传都是美图、美颜和美丽的排版,跟着这些方法写手账,好不容易写完会花相当长的时间。

可以说,现代人的时间本来就比较宝贵,能专门静下心来写手账的时间就更加少且特殊了,对于没有养成习惯的人来讲,这段时间甚至是寂寞中带一点无聊的。

每次写完手账以后,成就感满满,而到了下次做手账之前,光想想会花出很长时间,就算是结果很美,其过程也会让人乏味到不愿意再动手。

其次,光看别人写的手账,也很难帮自己领悟到自己该写点啥。

这就是我们太注重写手账的技术,而忽略了写手账这件事本身。

学画画的人会知道,没有要描绘的对象,画再多也只是对别人的模仿,并没有实际意义。

写手账也是一样,内容为王,内容是不是够丰富,每次写手账要写些什么,相信也是很多人的疑惑。

最后,在不知道写什么的情况下,市场上先开始充斥各种让手账美起来的材料、贴纸、纸质胶带。

一方面让人感觉买了这些材料,自己就能做出很美的手账,另一方面又让很多人,还没开始写,就觉得这会是很花钱的行为。

考虑到这些阻力,我们写手账的目的就更加需要明确下来，明确了目标，自然会让人更有动力。

所有的手账都是为一个最重要的目的而生的：管理。

不管是生活管理，还是这本书将会重点强调的情绪管理，还是后半部分会帮助到大家的目标管理，都是在告诉每一个想写手账的人，用手账管理自己。

生活管理中，一个人能写的东西是非常多的，小到生活中每日事项安排的清单，大到一个跨年项目的时间安排，只有人没有想到的，没有手账不能提供给你的。

先说情绪管理。

现代社会所讲的情商，人人都想有，但却不是每个人都能有。很多人看了不少的书，想去学习怎么获得高情商，但遗憾的是学到的只是表皮的方法，理解了书中的内容，可是却没法使用，遇到了状况，依然不知道怎么去做。

用手账进行情绪管理，除了能让更多人获得好的情绪状态、帮助人学会正确自省之外，还能指导每个人在下次遇到同样情绪问题时如何应对，可以说是手账中非常重要，又很少有人提到的部分。

再说目标管理。

大多数写到时间管理的书都会提到目标管理，但是每本书目标管理的路数又都是不一样的。

这部分最重要的是要去实践，要真正去做，把当下的努力和未来的规划结合起来成为一体。

这个过程因人而异，原因在于，每个人对目标的理解不一样,而且每个人的行动力也不一样。

有的人擅长规划一个大目标,然后去一点一点思虑着实现大目标;而有的人却习惯从小突破口开始,从小事做起,到成就伟业;有的人确实行动力相当强,规划得满满当当,还都能完成;有的人就比较善于原谅自己,规划是规划,完不成又挪到下一天呗。

不同风格决定了每个人的手账都应该是独一无二的,而只要是能实现管理这一目标的手账,都可以称得上是一本好手账。

判断手账写得好不好还是有标准的。

第一,是否条理清晰。

这个取决于是否有明晰的排版,明晰的排版对问题的呈现和解决有很大的帮助。换句话说,写一篇手账要条理分明,例如字少行多能帮助自己快速地弄明白一件事情。如果一篇手账是字挤着字写完的,那么在回顾的时候会难以提取时间、地点、人物等重要信息,读起来和读一篇流水日记一种感觉,那便算是记得比较失败的手账了。

第二,是否说清楚问题。

记手账是为了更好地把自己的观点梳理下来,如果随意写写,呈现出来的东西将会一片混乱。这个过程需要多练习,写完发现自己都不想再看,也不能给别人看明白,那么就需要再去磨炼如何能简单明晰地写清一件事。

第三,是否逻辑分明。

这个可以借助于各类线条和图标，图标和线条能帮助写手账的人找到重点，也能起到逻辑和接引的作用。日常写手账不会需要写"因为""所以""结果"这些词，这些都能被符号给替代掉，也能让手账看起来更清晰明了。

写手账需要字美吗？

我觉得不需要。

很多人认为美的字等同于美的手账，字丑的人就不要写了。当然不是这样的，手账和字的美丑并没有什么关系。

可以说现在字写得好看的人越来越少了，大多数人对手写字的兴趣已经开始减弱。

在过去，手写文字还具有一定的社交功能，人需要写信来表达自己的情感以及增强沟通，后来信件被减弱成字条了，再往后，沟通这个功能被电话、手机短信和网络 App 给替代了。

手写文字的沟通功能被减弱了以后，人练字的动力就缺失了，再也不会有人跳出来说"字如其人"，很少会有人用字来评判一个人了，光是能见到手写文字，就已经让大多数人非常兴奋了，并不需要去在意字好不好看。

另一方面，过去的读书人会有很多时间面对自己，没什么事的时候，练练字也是好选择，现在客观来说，多数人并没有太多的时间来面对自己。

所以，你会发现，大多数人的字以过去的标准来看，都不好看，字迹大小不一、没有章法都是常态，正是这样，每个人的字都是自己的记号，相对完美的批量生产而言，每个人的字都有特殊的辨识度。

字不好看，也可以让手账看起来很美。

第一，内容尽量少。写多了费时间，而且还不想看，何必呢？用关键词的方法来记录，把时间、地点、人物陈述详尽就达到目的了。

第二，字写大一点。字写得小，很容易就被认为人很小气，而且，精细的东西要比粗犷的东西更加考验细节，写很大的字，反而会让人更注重内容。

第三，多做练习。多练习是有好处的，能保持手感和灵活度，这样在做一些比较重要的读书笔记的时候也能同样记得很清楚。

第四，多用图表。图表和符号比单纯的文字更能清楚地表达意思。

第五，书写工具会改变书写乐趣，也能让手账更好看。

我个人比较喜欢用钢笔写字，这是我的偏好，现在书写工具的选择是很多的，挑选书写工具的过程，也会促进写手账的热情。笔的顺滑度、质感和字的呈现，会改变书写者的体验。

长期坚持手写，除了写出来的字很有个人特色以外，还有一个很私人的体验：写字很快。

大多数人太过依赖电子设备，提笔忘字且写字很慢，因为手部的微小肌肉已经忘记写字的感觉了，大臂带动小臂写字的时候，也会觉得手不是自己的。

可是工作场合并不是你一个字都不用写，偶尔还是会依赖一下手写，这种时候写得快会给人一些好感，这些都是值得我们去练习的。

3. 写手账需要准备什么

3.1 安排好时间是好的开始

小时候，总觉得自己成长得不够快，还需要再快一点长大，这样才能对生活更有掌控力。

但是真正长大以后却发现，长大并没有那么美好，时间有时并不是赋予我们的礼物，而是一个枷锁。

成年人越来越容易回避。

面对新鲜事物，还没有开始尝试，就把拒绝的话放在了嘴边："对不起啊，我没有时间。"

一面是心中憧憬已久的海边沙滩之旅，一面是真正有这样的机会来到面前时，脱口而出的"我没有时间"。

我们真的没时间吗？

照道理说，现代人的一天过得比过去丰富很多了，我们可以在这个快节奏的社会中做更多的事，但实际情况却没有那么乐观。

高铁、飞机都在突破着速度极限，长距离旅行都可以一天一个来回，却让人感觉一趟说走就走的旅行更难了。

过去社交需要用脚丈量土地，定时定点聚会，一聚会就是一天。现代人的社交，甚至都不用离开自己现有的环境就可以在朋友圈上看到别人的一切，却让人和人的距离更远了。

过去看信息只有一本一本的书，且书很少，一本书来来回回能翻很多遍，现在只要有部手机，全世界都在手上，同一个事件能有好几千条完全不同的观点，却让人和知识的距离越来越远了。

明明让生活更便捷的工具越来越多了，我们却离有意思的旅行、社交和自我提升越来越远了。

所以，并不是我们真的没有时间，我们只是更缺乏时间去追求自己真正想要的生活了。

时间的枷锁把我们锁在了自己的安全区域里，不再努力去尝试新鲜事物，也拒绝跨进未知领域。

因此，写手账第一要素就是时间。

唯有能准确地给写手账安排一个固定的时间，我们才能真正开展写手账这件改变生活质量的事情。

第一，时间间隔不要太久。

很多人考虑一开始写手账，不会写啊，那就把时间安排得松散一点，一周写一次，总有能写出来的内容了吧。

可是事实却是，如果一周只写一次，那么不出两周你就会彻底忘记写手账这件事。

我过去看了一些书籍，国外一些著名大学的老师把课程的讲稿写成书，让人更了解课程体系。

这些老师可能是出于对自己知识的爱护和自信,都会在书中强调,我这本书分成了多少章,建议大家的阅读速度是一周读一章,切不可图快,不然无法领悟书中的要义。

跟着这个指导,我看着看着就把书给看忘记了,某一次整理书籍的时候才翻出来,我曾经竟然买过并看过这本书,但是书前面的内容已经都忘了。

于是下决心,别管什么规则,我先看完,看看有没有有用的再说。

讽刺的是,这其中一本就叫《自控力》,明明买来是为了培养自控力的,却真实了解了人的忘性是远胜过自控力的。

因此,我在这里建议,如果要开始写手账,安排时间不要间隔太久。

我个人更倾向于建议大家每天都写一点,可以写得很少,记录个时间,写上一个字都是可以的。

重要的是,在固定的时间,养成固定做某事的习惯,才会持续地培养出爱上做一件事的习惯。

第二,时间不用安排太长。

写手账本身就是为了把思路理顺,把垃圾清空,每天都有一个好状态去面对生活,给自己准备半小时的时间就够了。

半小时的概念就是,你可能一部剧都还看不完的时间,手账就已经写完了。

我对半小时的感受来自一个番茄钟的时间,但实际上肯定会有加减,我曾经有写过一两个小时的手账,但也有在五分钟内完成过一天的手账内容。

强调这个时间限制，并不等于要求必须在这个时间内完成写手账这件事，多一分少一分都不行，并不是这样的。

告诉自己写手账花不了多长时间，其实是为了开启写手账的模式做准备。

一般情况下，人会害怕那些需要花费很多时间的项目，特别是写完一篇手账并没有带来太强烈快感的时候，认为花在此事上的时间精力过长，就会更让人害怕去做。

如果从一开始就计划好，并不会花太长时间，只要去做就行，反而会让人更轻松地投入这个状态。

这也是解决拖延症问题的一个重要建议：告诉自己只要做这件事五分钟，剩下的事情就顺理成章地完成了。

第三，安排具体的时间。

一个具体的时间，可以通过一个公式来表达：

好的具体时间 = 合适的时间段 + 合理的应用场景

应用场景原本是一个科技词，用以形容一个具体的手机应用在什么场景下会被拿出来用，然而这个词在现实生活中也相当有意义，就在于，我们的确应该给我们的生活规划出更为具体的应用场景。

这个场景应该包含当时的心情、当时所处的位置以及当时的环境。

我们知道平稳的心态下能做更好的书面工作，假若处在一个情绪兴奋激动、思维表现灵活的时间段，那么是不是可以考虑把这段时间用于健身、会客之类的更有建设性的任务上？

所处的位置可以这样来看，书桌前是办公的不二选择，那么如果瘫在沙发上、躺在床上是不是可以用某个电子设备来看看书、刷刷有益的信息？坐车或一个人走在路上时，是不是可以选择听点课程？

环境包含着办公环境、私人环境和社交环境。

办公环境自然是办公室或者工作间，私人环境就是家里、个人书房和能够把自己和他人分开的地方，社交环境应该有包含类似咖啡馆这样的公开场合。

综合以上三者，我们就可以把一天的时间做出很多细分，而根据细分的时间，能够把握好最关键的几段时间，把最重要的时间用来做最重要的工作，每段时间内的做事效率就会得到大幅提升。

过去我经常陷入一种安排时间的麻烦中，那就是把时间安排得太过满当，最后根本没有办法把全部工作做完，导致看到某一份拖延很久的工作就会陷入焦虑。

而拖延了一份工作，基本就会使得当天几乎所有工作都不能按时开始和按时完成。甚至还会影响自己总是迟到，时间感变得不再清晰明确，心中总有一份工作没有做完，而想做完又由于对任务难度估计不足而失败，继而影响自己的心情。

后来我发现，一个人一天中的高效工作时间并不会很长，而且超过了一定的时间以后，个人精力和实际效率也会接连下降，强行把时间安排得满满当当实际上是得不偿失的。

因此把对工作的具体时间安排,变得场景化、可预期化,会让自己获得更好的时间安排体验。

写手账的具体时间安排,可以说是所有时间安排的基础,你在什么时间写手账,决定了你的整体效率。

很多人对写手账的时间建议是早上一次,晚上一次。

说起来也很有道理,早上写一次手账是为了在早上安排一下时间,一天要做什么事情,有什么样的事件清单都可以在这个时间写出来。

而晚上写一次是为了看看这一天过得怎么样,是否有没有做的事情,查看一下有没有还没完成的目标,激励自己第二天继续做下去。

但对现代人而言,还有个场景的问题,并不是每个人都具备能一天碰两次手账的具体场景。

如果预先没有考虑好在什么样的场景下写手账,那么便会很难长期坚持去写手账。

譬如说如果写手账的时间安排得太早,可能没有那样的适宜场景,对很多人而言,都是早上起床,十分钟内离开家,楼下早餐摊买点好吃的,咬着早点就跑了。如果此时非要再加半小时写手账,做一天的时间安排,估计光想想,内心都是崩溃的,若是天天执行,那恨不得瞬间掀桌。

太晚的时间,躺在床上,灯光昏暗,此时硬抱着一本手账来写,也是非常不应景的。特别是对于有睡眠障碍的人来讲,看看一天的时间安排里,自己的想象和真正实现的目标之间有差别，恐怕是要睡不着觉的。

我实践下来，把写手账这件事彻底打碎，分成三个部分来完成是比较科学的方案。

每一部分所花的具体时间和用的方式是不一样的，这样也可以更加精准地配合上我每天的生活场景。

从我个人的生活场景来看，我有三个最重要的生活时间。

第一段时间是我最私人的时间，早上五点到七点半之间，这段时间，基本不会受到打扰，不仅对我个人来说是非常私密的，而且也是一天中最放松的时刻，在这段时间我就会安排自己去把每天想要写的文章写完，在七点半家人和孩子起床以前发布出去。

第二段时间上午十点到十二点，此前我会去跑步和健身，在这段时间，我不仅活力满分，而且会再补充一顿小吃，肚子里有不多不少的食物，情绪也会是很高涨的状态，但是由于刚健完身，有点疲乏和困倦，这样我还是会避免安排太耗用脑力的工作，一般会安排需要和人接触的工作，或者相对轻松一些的任务。

第三段时间是下午一点半到五点之间，这段时间包含最多的焦虑，一方面是早上的工作会带来一定程度的情绪或者压力，另一方面是在于五点钟一到我就必须去接孩子，意味着我能自由安排的时间就没了，必须配合孩子的时间安排来进行我自己的安排。

下午的时间段最让我焦虑的就在于，稍有磨蹭就会直接导致一段完整的工作时间错失了，那么可能后续陪娃的全部时间都会处在相当焦虑的状态里。

于是到了下午自然就会进入一种稍微有点压力的亢奋情绪里，在进行很有压力的任务时，效率会有所提高。

我会在这段时间把电子设备，诸如手机、平板电脑这些，统统放到我不太容易拿到的地方，并且大声开启番茄钟，每隔 25 分钟提醒自己，之后就沉浸在压力中，尽力完成一天中最有难度的工作。

这就是我所总结的一整天的黄金时间段，但具体安排还是要因人而异。

因人而异，也是本书会一直强调的概念，每个人都是完全不同的，世界上找不到两片一模一样的树叶，找不到两个从身体到心理都一模一样的人，所以我们不应该去迷信某种万全之法来给大家一个标准答案。

一切都必须在实践中领悟和学习，而书上所写的内容，都只能说是我个人的学习思路和思考方式，你可以参考，但是不用照搬，在模仿中学会创造自己的方式才是学以致用最好的方法。

事实上我个人唯一可以用来标准化倡导的方法，就是对自己的不断观察和反思，在反思中去找到每个人最容易坚持下去的方法，这样才能让自律更有可持续性。

与其去生产线上照搬一个标准模式，不如从自己的生活中反思一个适合自己的套路。

在压力中做最重要的工作，也是我在多次试错以后所发现的，对我最友好的时间安排。

有的人会把最有难度的工作安排在早上更轻松的时间段，但是却并不适应我，因为我自己是一个需要强压才出效果的人，太轻松的时间段反而让我觉得没什么挑战，而让后续难以坚持，这就导致我会把自己最难的工作集中在一天的下午。

除了这些需要有重要安排的黄金时间段以外，我也会把能提升自己生活质量的健身、游玩、社交和阅读，安排在其他相对轻松的时间里。

这些时间里，和写手账有关的是其中的三段，而且这三段时间也是最适合来写手账的，一段是由于早上早起而赢得的纯私密时间，一段是下午一点半开始的半个小时，第三段是头天晚上的时间。

第一段从晚上说起，我会在头天晚上接了孩子以后，陪孩子的时间里，在孩子自己玩的一小段时间内，复盘一下当天一整天的时间安排，看看有没有总体达到自己的期望，如果达不到的话，会在晚上尽力补救一下那些特别重要的事情，但是通常我会在这种时间开始劝自己放弃了，这样的话晚上还能睡个好觉。

也是在这段时间，我会把第二天的时间安排在手账本上写下来，这样我就能清楚直观地了解到第二天我要做什么事情，让身心都接受一个被安排得很充实的状态，也就会在第二天一大早更有动力早起，自律正是建立在对自己深刻的期望之上的。

第二段在第二天早上醒来后，刷牙的时候，我会拿出手机来，在手机上翻开很直观的日程计划表，把昨天思考过的一天安排在手机上写出来，一般来讲这样的安排已经很固定了，于是会在很短的时间内就把时间安排给做好，相当于复习了一遍。

从头脑中誊抄到手机上的作用，一来是再次复盘一下时间安排是否合理，二来是手机本身也具有提醒功能，不时加强印象更能促进目标的实现。

前面两部分时间实际上都花不了几分钟，很快就能完成，起到的作用除了提醒目标以外，还能让头脑减少记忆计划带来的压力。

第三段手账时间最为重要，被我安排在每天中午一点半后的这个时间。

这个时间我通常都在书桌前了，但是又还没有准备好开始下午的工作，精力也没有在最佳的状态。

而且经历了早上的工作和社交，我有可能在此时会有比较大的情绪积累，假如说早上安排了咨询工作，在此时把之前的工作思路理顺可以说是最好的选择。

在这个时间把手账写好，把手账中的记事部分给写了，能方便我高效地进入下一个阶段。

记好记事手账，可以迅速稳定情绪，不被早上，甚至头天没有记录到的部分干扰心情。

再有，写手账也是在我的身心，需要进入更好的工作状态了，这是个开始。

最后，通过记事手账迅速理顺自己的思路，并且为下一步行为制定策略，也能在遭遇紧急状况时迅速做出应对策略。

可以说这段时间异常重要，直接决定了我下午的工作成效。

到后期我养成了写手账的习惯，不管是开心的还是不开心的事情，我都会直接写下来。

甚至有时候是路上或者某媒体里看到的，但是会让自己思考、牵动自己心情的鸡毛蒜皮的小事，我也会在手账上呈现出来。

目的之一是不要被这些信息干扰思路，目的之二是在对事件的分析中，做个有条理的分析，若需要表达对这个事件的看法时，观点也能不失于浅陋。

事实上，不管一个人怎么去呈现自己的手账，不管中间涉及的观点如何，都是对自己三观的映射。

看起来没什么关联也没什么逻辑的小事，但若是认真去写了，在写的过程中就能更进一步地了解自己。

3.2 你会用到的工具

手账本有好多种，活页的、定页的，还有半活半定的。

我用了很多年的活页本，因为那时候我很害怕被格式化的生活困住，我希望生活有点变化，不管我想写什么的时候，都能非常便捷，写在哪个区块上都能自成体系，分类比较方便。

但是这样写是有缺点的，写的时候比较爽，但看和整理的时候很麻烦。

接着就面临更实际的困难了，A6 的活页本大小比较合适、便携，但是比较麻烦的是不够写，特别是要整理思路的时候，纸张过小就成了硬伤。

后来试了一下半活页半定页的标准大小的旅行者笔记本，结果发现这样的设计的确很科学，展开面的纸张大小够了，也可以通过不同的本子切换分类。

再后来，我又尝试了 A5 大小的宽版的旅行者笔记本。

我特别喜欢，A5 本子的展开页基本相当于 A4 纸张的大小，可以很好地管理信息，单页也很方便，再加上这类本子是可以把中间的薄本子单独抽出来带走的，便携性也很强。

在本子的选择上，我觉得还是按需来选。

如果看中便携性，那么标准版旅行者笔记本的尺寸其实是最便携的。

如果看中功能，薄的 A5 本则能发挥出强大的功能性。

如果日常写的不算多，还处在慢慢摸索的过程中，那么活页本也是不错的选择，毕竟没什么要写的内容，那么一天一页记录一下时间，或者单页记录一下需要做的事项，使用起来不会出现浪费。

这里给大家讲两种笔记本的使用方法。

第一种是A5大小的宽版旅行者笔记本。

旅行者笔记本的设计简单，一块皮面，加上绑带，绑带里面可以放上2~6本，按需要来放，很适合日常有较多笔记需求的人士。

我的用法是夹上四五本薄本子，一本日记本、一本写文案提纲专用的本子、一本管理日程安排的月历计划本、一本清单本。清单本的大小是窄的，标准大小的旅行者笔记本，还有一本会直接夹在里面，是草稿本，可以撕下来用，有时候需要临时记事和讲解的时候用一下。

日记本是A5大小的格子本，48页，每个月写一本，每天写横翻开的一整面，相当于A5×2这种概念。

写文案、提纲专用的本子也是A5大小的格子本，有时候突然灵感乍现，记在手机上往往会忘记自己记过，写在本子上，经常翻一翻，突然看见这排文字就会慢慢回忆起来，自己想过什么，记录了什么。

写提纲更大的好处就是能方便整理自己的思路，遇到需要讲话的场合，或者需要写成文字的时候，稍微翻一下就能理清重点，把按条理分析的重点变成有逻辑的大篇幅内容。

安排日程的月历计划本也非常有用，一个月的内容排在一页上，一天一格，有安排的计划可以提前写在格子里，能把计划变得一目了然。

清单本的大小是标准旅行者笔记本的大小吧，清单本我用的是空白本子，这样的话我想记什么不用受线条的影响，重要的事情记在上面，写完了画掉，就能获得一种不得了的成就感。

草稿本也是 A5 大小的，顺手记录的东西再誊抄到相应的地方，譬如别人给的工作安排，能做完的立马做完，不能做完的誊抄到清单本上。

有一种情况是你需要讲解一件事，将事情的过程画出来讲比用语言讲更方便，随手拿个本子出来写写画画的时候，不需要心疼这页纸很贵，讲完了还可以撕下来给对方拿走或扔掉，草稿本就承担了这样的角色。

当然，遇到朋友喋喋不休，我也会拿出草稿本来记录，免得自己走神，顺便帮对方分析一下境况，讲完了可以直接撕下来交给对方处理，这样也能给朋友一个信息，他的事情我不会乱讲，他也能从笔记里理清自己的思路。

第二种是我最近比较青睐的笔记本，厚的标准大小的旅行者手账本。

笔记本的尺寸约为 $9.5cm \times 17.5cm$，大约有 80 页。

这种手账本兼具了便携性和功能性。

一般我会在一个月的时间写完一本，通常一天写摊开来的 1 到 5 页，有时候写多点，有时候写少点。

这样去写的好处在于，可以根据每天遇到事情的主题去写，发挥的空间非常够。

考虑到我们通常遇到的事情是线性发展的，但是我们理解事情的方式却是发散性的，所以只以时间关系去记录遇到的事情时，往往难以将问题说清。

再有，相比宽版那种摊开来一页是一天的记录方式，旅行者手账本有优势的点是，我可能记录某件事，一页不够，根据每个人不同的角度理解的方式也是有差异的，那就翻着写上几页。

A5大小的笔记本，一页上要记录清楚一天的事情，但是分析问题的时候就各有侧重了，有时候有些事情就没有可以写的位置了，所以经常会漏掉不少记录。

但是用加厚的旅行者手账本，就可以把每一件想记录的事情都分页写清楚。

而且写完就翻页了，翻页这个很有仪式感的动作，可以帮助人在心理上减轻对一件事的关注。

避免对事件过度关注，才能更冷静客观地看待一件事情，理顺这件事的发展思路。

除此之外，这个笔记本更低调、更具便携性，大多数场景对这个小本子都是兼容的，甚至都不会有人认为你突然拿出一个比手机大一点的手账本是很突兀的事情。

对于长期写手账的人，非常推荐这种厚度的手账本，方便管理，到月末也基本都能写完，整理的时候也很方便。

再者就是笔。

现在更多人选择用中性笔或者记号笔来写日常所需，这本无可厚非的，但是有一个体验感的问题。

中性笔的确非常方便，且不用管吸墨水的事，只要拿出来写就对了,但是中性笔难免会有些欠缺质感。

不说每个人都应该去换更好的笔,但是通过更好一点的用笔体验来提升写手账的感觉,也是值得尝试的。

从笔触和写出来的字的效果来看,钢笔的优越性在于,每一笔都会有明显的笔锋,还有笔内墨水颜色的深浅变化,连成一片就会比较好看,相比中性笔没有情绪的硬线条来讲,钢笔的笔触会更优美一些。

现在钢笔的选择相当多,有国内生产的,也有国外生产的,甚至要找原装进口的复古的笔也同样有人在经营,选起来确实需要花一点心思。

我曾经因为对钢笔比较着迷,基本上看到喜欢的钢笔就买回来尝试。可以这么说,下水的顺畅性,笔尖的触感以及笔身的质感,都会影响你对一支钢笔的判断,但是总的来说,这是一件很主观的事。

如果说一件事很主观,意味着这件事实际上是没有标准的,因为主观感受本身就是没有标准的,可能别人不停夸赞的笔,你用起来偏偏不喜欢,那也没办法。

但是对于没有更多经费支持的学生,或者不想在这件事上花更多钱的人该怎么去选笔呢?

有一个简单的原则,看自己喜欢哪种书写感受的笔。

钢笔的笔尖会分成 EF 尖、M 尖和 F 尖,三种笔尖依次变粗。

欧美系列的钢笔通常来说都会相对粗糙一些,欧美的 EF

尖的钢笔，可能会粗过日系的 F 尖的钢笔，并且打磨也没有考虑汉字的书写习惯，写出来的字会比较圆。

日系钢笔中会用更精确的数字来表达笔尖粗细，0.38 的 EF 尖算是最细的，0.5 一般会标为 M 尖，就是中等粗细的，0.8 就算是粗的了，标为 F 尖，打磨的过程也比较符合中文的书写习惯，可以说写出来的字会相对有笔锋一些。

两种钢笔都有高端和低端产品，但是同品牌内对笔的理解是一贯的，所以高端笔和低端笔的差别并不会很大，所以在尝试的阶段可以选择不同品牌里相对能接受的价位来尝试。

国产笔也有相当大的可选择空间，目前还在坚持生产钢笔的厂商并不是很多，这些年国产笔也在提升技术，进步还是很明显的，之所以这里不专门讲国产笔，是因为其价格差别并不大，而且是可以去文具店里现场试手感的，这样一来，实践就胜过千言了。

很多人也会关注写手账用笔的颜色问题。

色彩的确是很重要的东西，色彩是包含情绪的，这种情绪因为文化等因素而糅合在了每个人的性格基因里。

我们一般会认为黄色有天真、幼稚和轻微的不安感。

红色是非常热烈的颜色，也会有暴力的感觉，在大多数中国学生的心中，纸上的红色，就是一个判断对错的权威和强烈吸引注意力的色彩。

橙色会有温馨、友好、年轻的感觉。

绿色会传达出自然、生机勃勃之感。

粉色自带甜蜜、温情和有趣的情绪。

蓝色给人很肃静的感觉，也能传达出冷静和理智的情绪。

紫色很神秘，同时会显得很高贵。

当然手账中还会有大面积的黑色存在，黑色在手账中应该是最多被使用的颜色，会给人一种很正式的感觉。

以上所有的颜色在我的手账中都有出现过，因为我还是比较重视手账中的色彩的，所以每天带出来的笔里面总会有几支吸了不同颜色墨水的钢笔。

不同的颜色上会产生不同的视觉冲击效果，可以说我还是比较重视手账中的色彩的。

但是实际上在真正实践过程中，并没有那么多的时间考虑用什么颜色，怎么布局这种问题。

大多数时间，我在记事和分析类的手账里是不换颜色的，一页就是一种颜色，也可能好几页都是一种颜色，这样写的好处是看起来很清晰，不会因为在一页中有突然不一样的颜色而吸引了自己的注意力，从而对问题的理解产生偏颇。

确实需要重视的观点我会用图标和下画线让重点更突出，方便复盘的时候再看。

我会倾向于使用绿色和紫色的笔，有点深的绿色在纸上会给人很有希望的感觉，而且一般会看起来比较整齐，反复看不会觉得很烦躁。同样很好看的紫色也能起到让人心情放松的效果。

真正写起来的时候，个人的色彩偏好和常用的颜色之间关系就不是很大了。

人会对让自己视觉更清晰的色彩更有依赖性，所以选择墨水的时候，可以考虑选择同类颜色中，相对偏深一点的颜色，使用率会更高一些。

而在书边整理次级信息的时候，我就会用黄色和粉色这样的颜色，既容易区分，又不会过分抢夺注意力。

如果是在时间轴上，一页要记录一整天的时间使用，我就会用多种颜色了，通常是计划的时候用一种颜色的笔，真正执行的部分又用另外一种颜色的笔，有时候有一些重要的信息也要写在上面，就会用更能吸引注意力的颜色来记录。

可以说，运用好颜色，能让心情更好，也能让信息分类更清楚，带多支色彩的笔是很有帮助的。

除了笔和本子以外，还有一些工具也很重要。

一般我会放一块尺子，之所以是一块是因为这个尺子有一些功能性的图标可以帮助涂抹在手账上。

有时候确实会遇到一些可以一个人坐下来，不想依赖手机的时间，在这些时间里，拿出手账来写字又不算太合适，就可以拿出尺子来涂着玩。

当然也因为是模板化的图标，在遇到一些需要整理重点的时候，用这种模板尺子可以标注得更整齐，对偏爱整洁的人来讲，是非常有用的。

另外这些模板小尺子，用来哄小孩会特别有效，孩子跳来跳去玩的时候，拿出一把好看又好玩的尺子，能让孩子玩很久，也因为这样，我还会带一两支便宜又不挑使用者的笔，不太熟的孩子拿去玩也不心疼。

我还会在本子里放上一些小纸条、小卡片，有时候会有一些需要注意的事情，而且很琐碎，和小纸条、小卡片一样的琐碎，用这些载体就可以很好地表达所需。

把小纸条写完以后，夹在手账中的某些页，到时候誊抄上去，这是很高效的管理方法，而且这些小纸条是可以丢弃的，丢弃等于事件已经被处理完了，就不用再占用空间了。

小卡片可以用于分享。一来小卡片的质感会更好一些，二来写到小卡片上的事情会显得更正式一点，誊抄一些重要事项交给别人也会有别于发条消息的随意感，也可以说是一种拉近距离的手段。

涂改工具一般也会被提到，但是对于随手写的手账，我的态度是不用太严谨，错了画掉就可以了，甚至可以画个小图在旁边也是可以的。

这在心理上的意义在于，你可以告诉自己，没有必要事事完美，手账更是一个不需要完美的地方，这是自己和自己的对话，如果对自己都不能松懈，那还有什么意思？而且正视自己的小错，告诉自己所有的小错都可以简单就修正，反而能更少犯错。

再有就是大家都会用的贴纸和胶带。

我个人会喜欢带贴纸，比较方便，而且很多的贴纸已经设计得很有情绪、很人格化了，不论是写完了贴一下，还是贴完了再写，都是很方便的。

同样，在有了孩子以后，贴纸也被用来哄孩子了，实际上日常会花心思用贴纸的机会并不是很多。

胶带现在的品类非常多，依据商家的宣传，基本可以算是手账必备了，之前因为很喜欢和纸胶带的设计，买了很多，结果发现，实际使用中，便携性需要依赖转移到塑料板上，并且尽管贴起来确实很好看，可是想弄好真的非常花时间，书写五分钟，贴纸半小时，从时间角度来看，非常不经济。

总的来讲，那些离开书写内容本身的东西，虽然很好看，但是最后大多都会因为时间关系而被放弃。

但这也是有好处的，手账最需要关注的并不是排版，而是你如何通过记手账来理清自己的思路。

3.3 写手账前最后一次心理准备

讲完了时间和工具，最后一个，也是最重要的准备就是心理准备了。

能拿起这本书的人，对手账本身就有相当的兴趣，专门写出这一章是为了再次帮读者坚定一个信念，手账真的是好东西，一定能帮助到每一个勤耕的人。

手账在日常生活中的重要性可以说是对身心的全面帮助，不单是书写本身能对人有帮助，而且习惯于记录时间的人，必然被时间所回馈。

后面我还将从具体的技巧方面来帮助每个人真正展开写手账的事项，这些都是经过多次实践后，最经济高效的方法，也确实避开了过去走的很多弯路。

不管你会不会看完这本书，都要去准备一本自己喜欢的、适合自己习惯的手账本，你可以把这本手账书当作一本工具书，如果到了写不下去的地方，或者到了某些因为时间关系而难以坚持的部分，可以回过来看看，也许能有新的启发。

但是，不管你用什么心态来看待这本书，看待写手账这件事，核心都是写手账。

坚持去写一定是会有收获的，这个收获也许不能让你尽快得利，或者让你立马变得轻快自由，但是相信时间的力量，相信自己会对自己有更新、更好、更全面的认识，坚持去写一定能发现超出自己预期的东西。

如果说坚持的品质是来自后天的养成，坚持一件事会让所有的事都变得可坚持，那么就让写手账成为你所有坚持中的第一件要坚持的事情。

当然，所有提到要坚持的事情，都等于说是会有困难的，写手账也是一样的，你必然会在这个过程中遭遇很多现实的矛盾和困难。

首先，写手账的困难会来自你的社交圈子。

因为对你的改变最敏感的一群人，正是和你日常最亲密的一群人，他们看到你的改变，看到你开始了不一样的习惯，自然会展现出一种态度，可能是支持，也可能是嘲讽，还有可能是看好戏，看你什么时候坚持不下去，但是这并不代表你做了不对的选择。

所有的质疑，都只会针对表现得不够明显的事件。

在我早起30天以内的时候，很多人都会在我的朋友圈留言，询问受了什么打击，为什么起那么早，到我早起100天的时候，会有人关心我早起会不会影响身体健康，而到我早起700多天以后，我朋友圈里给我点赞的人已寥寥无几，因为他们知道这已经是不会改变的事实了。

不管别人怎么看待，去做就可以。

其次，写手账的困难在于你真的会没有时间写。

很多时候我们对事情的估计过于乐观了，会相当乐观地认为只要开始一件事，前置条件准备充足，后面就一定会做完。

相信很多在健身房里办了健身卡的人就有这样的乐观估计，一开始总以为自己能坚持下去，但是不管是在健身房办卡，还是花钱请了私教，最终的结果都会变成和"健身"这个名词结个缘以后，却难入健身这个门。

写手账更会是一个投钱的开始，毕竟市面上能拿得出手的手账本也都不算便宜，还呈现越来越贵的趋势。

肯定会有人心血来潮买了手账本，写两天，然后放着，再过一段时间，翻出来看看，自己竟然还有手账本。

或者，心心念念记得要写手账，但是可以用来写手账的时间都用来买好看的胶带、贴纸和本子了。

人总是会这样，用花钱的方式来解决焦虑，结果把焦虑越积越多，本来只是没写手账的焦虑，却渐渐变成了经济焦虑，再生出后悔情绪，不停追问自己，当初为什么要开始？

如果你清楚你真的会没有时间写手账，那么我要告诉你，我也有过经常不写手账的经历。

早些年，我有一些活页的手账纸堆了一堆，上面只写了每天的日期，就没有其他了。在我进阶用A5本子的阶段，中间我也有过因为事情实在太多而直接一两个月没有写手账的经历。

哪怕是后面用了更厚的手账本，随时出入都带着手账本的时期，我也仍然有一天补几天手账日记录的时候。

我明白这件事不容易，所以我更加不舍得简单劝你开始了就一定要天天坚持下去，没有人是圣人，圣人都上天了。

我甚至会认为，更具有可操作性的方案是，懒了几天没写，尝试着补一下每天的单日记录。

你能通过和朋友的微信聊天记录、自己每天的工作事项，或者其他什么线索来重新回忆起自己这几天是怎么过的，这种有益的方法也是在锻炼自己的记忆力，同时你会发现，该记得的事，时间再长都还记得，会忘记的事，不论时间多短，都会忘记。

而我们要做的就是，把会在记忆里留很久的事情，写下来，用纸笔的方式将之呈现出来，减轻头脑中的负担，不让自己谨慎地记着某件事来占用记忆空间。

几天没写的时候，去补日记，真实面对自己的惰性，这也是在接纳自己，而且这种接纳很可贵，这种接纳可以应用到生活的方方面面，唯有正视一个没有美化过的自己，才知道从哪里去改善。

最后，写手账的困难会来自自己的担忧。

我听到最多的坚持不下去的理由，并不来自坚持不下去，而是来自不敢开始。

很多人会因为担心开始了坚持不下去，而迟迟不肯开始，这是一种很奇怪的逻辑循环，但是却总会有人这样去认识问题。

一直有人在我面前表达，早睡早起是很好的事，也很羡慕我有这么自律的习惯，并且还能认识到早睡早起可以改善自己的身体和心理状态，但是真正请他去尝试的时候，他就会说很难，做不到。

相比做事情本身，更令人害怕的是，如果有一天做不到了怎么办？

对此，我给出的建议就是，去做，做到做不到的那一天。

遇到做不到的那天就不做了，不做的时候也别后悔，哪天想到了再开始做就可以了。

这就是我在开头就说的，质感生活是和自律有关系的事情，但是却应该是松散而有形的。

有形在于，你的总体方向应该是这个方向，松散表示你没有必要非逼迫自己做到超量、做到完美。这是因为，人建立对一件事情的习惯，并且找到身心愉悦的感觉，得到身心愉悦的回馈，是需要一段时间的。

很多人会看，周围的人，有的在考试，有的在健身，有的在进修，有的在出国玩耍，每个人的生活都那么美好，自己也很想要那种生活。

于是，准备考试，想了很久，各种资料查好，书买好，第一天，非常用力地学习两三个小时；到第二天，头天学习太累了，稍微少用点时间吧；第三天，朋友聚会……一个星期以后，拿出书本来看5分钟，剩下55分钟都在玩手机，玩完了痛恨自己，为什么这么不自律，为什么要玩手机……

也有人深知健身的好处，看到别人健身，自己想也健身，结果猛健身两天，全身酸痛，坚持不下去了，今天拖明天，明天拖后天，健身就成泡影了。

写手账也会遇到同样的情况，某天心血来潮，写了很多，还把手账弄得很美，但是第二天突然发现没时间了，又感觉头天弄这一堆太花时间，就不想再做了，然后手账计划整个就搁置下来。

这些情况的问题都在于，开头用力过猛，但是用力过猛并不是人生常态，如果你把所有精力都用于开头，后面当然会面临严重落差。

这种状态其实也好解决，之所以我们会有用力过猛的想法，原因在于我们没有将一个人所要经历的整个过程变成一条无法违抗的长流来看，浪头开局会高，可是高潮后面必然跟着一段低潮，后面还会跟着平浪，如果在一段漫漫长流中审视自己的行为，那么就能看到自己的懒惰也很正常，因为人不可能保持时刻精力丰沛的状态，也就不可能每天都很用力。

如果能看到高潮会消耗更多的精力，带来一段超级低潮的体验，那当然不会认为自己之前用力过猛了，因为人生总是一个长远平衡的过程。一段低潮期以后，总会有一瞬间想要把过去这个习惯重拾的，那么就抓住这个苗头再来一次。

我们要坚持的就是，把这些平凡的低潮顺流顶过，一天写一个字也行，两个字也好，记个日期也不要紧。

总之，所有的万全准备，都不如一个当下的行动，不要去预设没发生的情况，接受当下，慢比停好。

二、用手账管理健康生活

1. 健康身体是体验质感生活的基础

世界卫生组织关于健康的定义:"健康乃是一种在身体上、精神上的完满状态,以及良好的适应力,而不仅仅是没有疾病和衰弱的状态。"

但是反观我们大多数人的生活,对健康的理解仅是比没有疾病稍微高那么一点的状态。

健康的身体可以说是获得好的生活状态的基础,只有拥有健康身体的人,才有机会获得健康的情绪,继而获得健康的思想。

1.1 需要了解的身体原理

我们可以先看看一个叫三脑合一的理论,有研究根据三个大脑的不同结构和演化阶段,分为了爬虫脑、哺乳脑和皮质脑三个部分。

爬虫脑是大脑的第一个演化阶段,形成于2.5亿年前。这部分大脑的功能本身没有学习能力,不会从经验中学习,也不会记忆,只会重复已经写入大脑的反应,并且带有非常明显的冲动性和强迫性。

用一个笑话可以解释这种功能,就是如果世界上有一个按钮,按下去会使得按按钮的人记忆消失,这个人做了好一番思想准备,去按了按钮,按了以后,记忆消失,又看到了这个按钮,"咦,这里怎么会有一个按钮?按一下试试",过一会儿,"咦,这里怎么会有一个按钮?按一下试试",过一会儿,"咦,这里怎么会有一个按钮?按一下试试"……

举个简单的例子更好理解,当你走在森林里,遇见一头熊向你走来,你第一个反应肯定不会去分辨这是什么熊,什么样的品种,为什么能在这里碰到它,你的第一反应一定是心跳加速,血流加快,肾上腺素飙升,管他三七二十一,第一时间用你觉得能保护自己的方法保护自己,就是赶紧逃命了。

心跳、呼吸、逃命、饮食和繁育这些功能就是由脑干部分的爬虫脑来负责的。

我们吃饭时涉及的用手控制筷子、夹起食物、喂到嘴里、咀嚼、分泌唾液帮助吞咽、食物到胃里以后胃液消化食物直到食物被吸收分解完成排出体外，这一系列的动作，化成指令可以说是相当复杂的，却是我们日常生活中根本思考不到的部分，靠的就是脑干的功能了。

但是单有爬虫脑不足以支撑动物的繁衍，直到哺乳脑的出现，让哺乳动物充满了感情。

一个繁育了后代的哺乳动物，不会因为繁育后代的过程，后代给自己造成了剧烈的疼痛，就把宝宝咬死，反而会充满感情地照顾宝贝，靠的正是这个形成于5000万年前的脑组织。

哺乳脑拥有感觉和情绪，拥有玩乐的欲望，也是母性的来源。有了哺乳脑，从哺乳动物开始，哺乳动物一方面开始有了感觉，并通过感觉获取信息。另一方面，就通过经验建立了一整套价值系统，这些经验会对情绪造成影响，我们可能会很容易忘记一件具体的事情，但是会记下某件事造成的具体情绪，这就是哺乳脑对我们的影响。

皮质脑可以说是更高级的演化阶段。皮质脑在4万年前开始存在，并且至今仍然在持续演化。皮质脑的功能更高级之处在于，有逻辑、有判断力还能不断进化。人的皮质脑从三岁开始慢慢发育，到二十岁都不一定发育完全。

这三个脑的作用是层层递进又相互关联和作用的。

尽管你在野外看到一只熊向你走来，你第一时间是停止一切其他功能，受控于爬虫脑的脑干会激发出肾上腺素，紧跟着，完全凭着本能就逃跑了。

哺乳脑会在你逃跑时强化告诉你，你必须要成功逃脱，因为失败后非常恐怖，很多的人都因此丧生了。

当你跑回安全地方以后，皮质脑就会开始做逻辑分析，当初为什么会做决定到了森林，又是怎么被熊跟上的，那只熊是什么品种，会造成什么量级的伤害。

由此可见，每个大脑部分所应用的功能有很大的差别，而且发挥作用的时间也是前后不一的，我们遇到问题先会动用爬虫脑，之后哺乳脑才会发挥作用，最后是皮质脑开始发挥作用。

这不仅证明我们几个大脑的组成部分发育有先后，而且也代表了一定的服从顺序。

当你发挥爬虫脑作用的时候，其他大脑的作用往往会被自动屏蔽，并且爬虫脑所带动的身体反应会影响哺乳脑的情绪，而哺乳脑的情绪会进一步影响皮质脑的情绪解读。

皮质脑是我们的显意识，而爬虫脑和哺乳脑，组成了我们的潜意识部分。

如果逆序来看，皮质脑的发育时间很短，而且构成我们三脑的比例很低，在这样一个低比例的状况下，当哺乳脑的情绪开始发挥作用的时候，皮质脑对之的压抑无异于螳臂当车。而当爬虫脑的脑干功能发挥作用的时候，基本上决定了哺乳脑和皮质脑的功能发挥。

既然皮质脑的作用那么微弱，究竟皮质脑所代表的显意识该怎么去和实力强大的潜意识沟通呢？

很多人把爬虫脑所代表的功能看作是本我，也就是声、色、食、欲的功能；哺乳脑所代表的情绪部分是被看作自我，也就是喜、怒、哀、乐的功能；皮质脑看作是超我，就是克制、律己的能力。

在我看来，这三者的关系不应该严格区别独立，而应该是包容并蓄的。皮质脑的作用很微弱，却实实在在是成长得最为高级的功能，尽管这个功能形成的时间很短，看起来很年轻，却因为其更高的学习和记忆能力，在人的一生中充满了可塑性。

皮质脑相当于人大脑系统里面慢慢成长出来的一个保护层，这个保护层的极其重要的意义在于，它能实现信息筛选，能选取保护哺乳脑和爬虫脑的信息，也就可以保护人类，在有本能的情况下，不会一而再，再而三地被本能所耗用。

总是调用本能当然是会消耗人的，偶尔激发一次肾上腺素，可以使人心跳加速、呼吸加快、血流加大、血糖升高，从而增强人的力量，并提高人的反应速度。在非常极端的条件里，肾上腺素的成功激发是可以救人一命的。

但是，这种激素只能暂时激发人的力量，人不会被这个激素刺激变得强壮，出现得多了，人的血压升高、心律失常，很容易对身体造成损伤。

皮质脑这个保护层的作用首先就是，在每一次用大脑的本能调用了身体功能和情绪以后，可以去分析这次的调用有没有用，实际产生了什么结果，是不是一次合理的调用。

再有，通过皮质脑的逻辑能力，大脑可以分析出再次面对同样问题的解决方案，并且记忆这个方案，这样在下次遇到同样情况的时候，就可以有更好的反应了。

这就是，出门打猎的猎人，可能开头几次遇到了险情的时候，惊慌失措，但只要他能活下来，必然会因其经验丰富而能更准确地判断更多的情况。

因此，真正高级的显意识，不是去鼓吹对潜意识的压抑，而是去努力实现一种平衡。

平衡不是说去努力补长短板，解决短板带来的劣势，而是试着把桶斜过来，盛装更多的水，在动态中，实现平衡。

就像治理一个国家，并不是因为国家有老弱病残和失去劳动力的人口，这个国家就不发展了，国家的政策总是在动态平衡、左右倾斜的。

看到短板的第一个反应，不是闭着眼睛去打压短板，或者切了长的去补短的，补是补不了的，假如补情绪的木板断了，情绪崩溃起来也是很难收场的。

更好的方法是去看到短板的存在的合理性，去欣赏之，再看看怎么能保护到这个短板不受威胁，这才是应该有的路径，我们常把这个方式叫接纳。

我们看到了爬虫脑的脑干功能和哺乳脑的情绪功能，反应相当本能，而且很快，调用到这两个脑的功能以后，人的逻辑思维和自控能力是跟不上这种变化的。

人一旦遇到气愤的事，脑干刺激着分泌出肾上腺素，身体立马产生了心跳加快、呼吸急促的反应，很快人就开始了相当负面的情绪体验。

很多人发了脾气以后的反思是："我当时不发脾气就好了。"这种反思就显得很不客观。既然发脾气是来自身体的本能，甚至来自大脑的功能，我们总不能说，为了不发脾气，把爬虫脑和情绪脑切除，或者根本不去理会身体和本能的反应。

更客观的反思是，你得清楚，情绪一旦被触发，仅靠大脑皮质层的逻辑功能是无法控制的，皮质层的功能用来控制已经爆发的情绪基本是无效的，但是皮质层是可以理解和筛选信息的，可以在爆发情绪以前，预判出到哪个点上会发脾气。

我们可以用逻辑判断在什么情况下，自己会产生负面的情绪体验，尽量减少那些会导致负面情绪的条件，尽量避免进入这种负面情绪体验的环境，如果不小心进入了，也要懂得调和自己，用更好的反应去替代本能反应。

爬虫脑、哺乳脑和皮质脑，对应着我们的身体、情绪和思维，三者之间又是相互关联，密不可分的关系。

1.2 我们的感觉会被身体所左右

我们在解决情绪问题的时候，经常会有一个明显的错误：过分重视情绪的影响。

遇到一件令自己不愉快的事情，就会纠结于"不愉快"这个情绪，然后想着怎么让自己"开心"起来，想着怎么让自己"重新快乐起来"。

但是大多数情况下，用情绪解决情绪是很难成功的。

原因在于，情绪都是哺乳脑的产物，说白了就是同一个妈生的，不管你是开心还是难过，都是同等级地存在于你的内心里，这两个情绪受同一种身体条件约束，又在同一种逻辑解读下产生，可以说是同模同样的双胞胎。

举个例子，假如你习惯于关注别人的态度，那么你的开心必然出自他人的肯定，而你的难过也同样会出自他人的批评，都是由他人来决定你的心情。

这是逻辑解读的例子，放到身体基础这个问题上会更加复杂一些。

但有一个简单的原则是，你的身体不愉快，你的情绪也不能独自开心。通常情况下，那些长期睡眠不好的人，或脾气暴躁，或相当敏感，睡眠不好的人偶尔能遇到开心的事情，但是总的来讲是很难撇开身体的体验维持很长时间的积极情绪。

身体机能保持健康的重要性正是源于此，我们的思想取决于物质实体，我们如何看待这个世界来自我们内在机能怎么维持自己的健康秩序。

如果大脑保持活力，充满力量，爬虫脑所掌控的身体运转都保持着良好的运行秩序，不需要时时向更高层的大脑报告身体哪部分不太好的话，我们就可以集中更多的精神去做更重要的事情。

身体时刻都在给大脑传输不同的信号，怎么去理解这个信号就是大脑在做的事情了，人到了应该要吃饭的时间，爬虫脑会向更高级的大脑部分传递饥饿信号，哺乳脑此时开始"想起"吃饭的体验，再一次深化这个信号，到了皮质脑接收到信号的时候，就会开始去分析到哪里吃、吃什么的问题。

但也有一个反向过程，皮质脑传信号会去想今天减肥不吃了，哺乳脑又会反馈曾经紧缺资源的记忆给脑干，企图告诉脑干过去是怎么顶过这种吃不饱的体验的，脑干就会去安排身体的各个器官和各功能进入紧急状态。

我们解读的情绪也是来自身体的反应。

现代更多的心理学理论认为，遇到刺激时，人的身体反应往往是心跳加速、血流加快、肾上腺素飙升，我们每个人通过这个身体反应而产生不同的解读，大脑对环境和身体等综合判断而产生完全不同的理解，继而产生情绪和情感。

譬如说，惊喜派对里，派对主角被周围大吼"surprise"的朋友们吓一跳，这个时候身体的反应正是心跳加速、血流加快、肾上腺素飙升，通过前面讲的三脑合一的理论来看，基于爬虫脑，这个人或者想逃跑，或者想攻击别人，这时候看到周围人都在微笑鼓掌，于是这位主角就会通过哺乳脑产生同理心，就会配合周围的人一起笑起来，最后，努力理解了周围的环境，皮质脑发出了安全指令，开始解读，此时是开心的情绪，而且应该为有那么多的人来参加派对而兴奋，于是派对主角最终获得了难忘而兴奋的体验。

同样受到惊吓的例子里,一个人在野外森林里,突然有人从旁边的树丛中冲出来,这时候身体的反应同样是心跳加速、血流加快、肾上腺素飙升,即使这个人最终平安回来了,那么他也一定会把这个经历理解得非常恐怖。

两种截然不同的惊吓体验,最终产生了两种完全不同的情绪,这正是大脑给我们的综合解读。

一个著名且较为成熟的理论就是吊桥效应,这是指当一个人提心吊胆地过桥的时候,会不由自主地心跳加快。如果这个时候,碰巧遇到另外一个人,那么他会错把由这种情境引起的心跳加快理解为对方使自己心动,从而产生爱情的感觉。

根据这个实验,和喜欢的人去清净的茶室喝茶,聊天谈心一下午,你对他的感觉可能只是更加了解,谈不上特别深切的感受。但如果你是约对方一起去长跑,或者带其看恐怖电影、乘坐过山车,那么身体的激烈感受,很大程度上能让你们彼此看对方的时候感到更有吸引力。

这也可以说,脑干的作用是直接给身体反应,例如心跳加速、血流加快、肾上腺素飙升,情绪脑会去通过这些身体反应来产生情绪,而皮质脑会去判断这个情绪,理解其究竟是一个什么样的情绪,这个情绪究竟是好的情绪还是坏的情绪。

说到底,身体是我们构建更高层思维的基础之基础,健康的身体才有能力去诞生一种更健康的思维力,健康的思维习惯又会反过来促进情绪健康和身体健康。

1.3 身心状态最高效的安抚路径

很多人只能发现自己心烦意乱的时候，对某事是有情绪的，但是很难琢磨出来这个事为什么会让自己有情绪。想琢磨清楚这个问题，也有一个简单的路径，去观察自己进到某个环境或者遭遇到某个情境的时候，身体是一种什么反应。也可以这么去观察，在自己总难有好情绪的时间段里，是不是有不良的作息习惯，譬如说睡眠不足、过分耗用精力或工作安排过于满当。

前面我们一直都在说身体对心理的影响，也讲到了身体、情绪和思维三者的关系。

我们知道，爬虫脑所代表的脑干功能，形成的时间很早，且发展演进的时间相当长，而且拥有垄断性功能，一旦脑干发挥作用，身体其他各部分功能基本会被关停。

哺乳脑所代表的情绪功能，形成时间晚于爬虫脑，会强烈影响发展时间更短的皮质脑的功能，也就是影响一个人的思维能力。

人的皮质脑所决定的思维功能，深受前面两部分大脑的影响，但是也具有信息筛选的能力，可以决定一件事情怎么去看待和思考。

三者该怎么去协同呢？

我认为有一个安抚路径的问题。

简单来讲就是，如果我们想要改变自身，从什么地方先开始去改变？

如果是大的决定小的，功能强的决定功能弱的，那么我们很容易排出一个序列：爬虫脑 > 哺乳脑 > 皮质脑，也就是说身体 > 情绪 > 思维。

这意味着，如果你想要让自己有一个健康的思维，那么最轻松的路径应该是先让身体进入一个健康的状态，自然情绪就会很健康，思维也会很健康，可能人的思维力有强有弱，有深有浅，但是如果前面两个基础是好的话，你可以轻松通过学习锻炼出很强的思维力。

现代人的路径很多是反的，寄希望于让思维控制情绪，用情绪控制身体，结果是思维被情绪反噬，情绪被身体反噬，于是面临大而棘手的事情时就更加没有办法，陷入很糟糕的旋涡，事情反而越理越乱。

还有一种乱序的情况是跟着情绪走，身体和思维都跟着情绪的节奏走，情绪好的时候就纵情享乐，情绪不好的时候就让身体和思维都跟着受伤害。

反向和乱序都没有办法长期让人保持好状态，在身体状况不佳、情绪也不是太好的时候，专注于把身体机制理顺，顺着轻松的安抚路径走，这样就是我们学会有目标管理自己的第一步了。

而且安抚身体是比安抚思维容易得多的事情，你可以通过逻辑、分析、排序，给身体排出最有利的饮食习惯、作息规律和健身计划，接着就是执行。

脑干所控制的身体机械化、强制性运行，是很贪图享乐的组织，任何能让身体愉快的事情都会让人上瘾，你可以选择低级的快乐，也就是简单追求身体的无限愉悦，也可以去追求更高等级的快乐，所谓有节制的快乐。

享受无限愉悦很难长久，在无限愉悦里，往往会专注于身体某个感官的乐趣，付出的代价可能是别的感官被蒙蔽，甚至是用整个身体平衡性遭到破坏的方式来享乐。

有节制的快乐之所以能更长远，是因为每一次自己感受到的享乐和付出的代价是平衡且可承受的。

譬如某人最近一段时间需要处理一个很棘手的项目，他可以每天不吃不喝不眠不休坐在桌前准备这个项目，时常熬夜改稿，但也可以选择一个更长远的计划，每天拿出半小时来健身，晚上十点准时睡觉，早上五点起来开展工作。

这两种做法结果可能并不会差别很大，只要肯用心，都能达到一个很好的结果，但是这种差别会表现在更长远的时间里。

时常熬夜改稿的人，也许做完这个项目之后就会好一段时间不能投入工作，需要休息一段时间，或者换一个表现就是，在接到的新工作里很快就缺乏创造力了，一直在过去的思维中徘徊。

而选择休息和工作兼顾的人，通过健身获得了更有活力的身体，跟着就表现为更有活力的情绪和思想，同样一个小时的工作就会比别人更有效率，结果也更好，修改的时间也相对变少，他花费的时间成本和精力成本，相比不眠不休的人来讲，明显是少的。

从理论上看，第二种方式明显更长远，且多数人都会愿意选择第二种方式，但实际上却很少有人真的能做到，大多数人都力图用专注来掩盖低效，看起来一个人认真工作了三个小时，但效率却低到必须要加班才能做完该做的事。我们做不到有节制的工作，因为这种有工作、有休息的方式是在对抗人的本能。

人的本能是长期选择某一种固有的方式去工作和生活，保持一个稳定的状态能让人更有安全感，这也就意味着长期保持同一个状态去工作和学习，其实是人的本能，对大多数人而言，想要安抚自己去做一件什么事，只需要成功命令自己做开头五分钟就可以了，开了头，后面就能保持着这一状态直到工作做完。

拖延症也是某种意义上的保持，只是我们习惯于把这种保持描述为"懒惰"，这是消极保持，在一种更让自己熟悉的环境里，避免改变状态去做该做的事情，拖延的人真正开始一件事，往往也能保持沉浸式的状态。

从这个角度来看，不眠不休天天加班的工作状态，正是把自己拖延在了貌似在工作的快乐里，其实付出的是身体和情绪的更高代价。

说到底，生物的本能是懒惰的，不需要演进的功能会立马被废除，就算明白不眠不休的工作方式对身体、情绪和思维都没有好处，人还是愿意选择这样有安全感且舒服的工作方式。这就是很多人很难坚持自律严谨生活方式的原因，因为稳定带给人愉悦的感受。

明白身体有这种惰性，就让自己和低效又远了一大步，我们会发现，惰性来自身体，也仅来自身体。

当身体不想改变的时候，会发送信号给皮质脑，很多人明明改变了身体状况就可以得到全方位的改变，却总会在想到要改变的时刻，给自己找到退缩的借口。

这时候，皮质脑真正应该发挥的是信息筛选的功能，身体抗拒习惯改变的时候，沉浸下来想一想，这个阻碍来自哪里，并且学会改变和自己的对话机制。

当你工作一整天回到家里很累的时候，你是想躺在沙发上玩手机，还是赶紧去洗澡睡觉？

如果你只是给了自己这两个选项，那么多半接下来的时间你就会在沙发上玩手机到累得不行才会去睡。

换一种对话机制问自己：你是想躺在沙发上玩手机到累得不行再去睡觉，第二天早上还是这么疲累呢？还是听着自己喜欢的音乐去洗澡，洗完早点睡，明天早上精力充沛地早点起来再玩手机呢？

身体虽然有时蠢笨到会追求简单的快乐，但是如果能看到更有吸引力的选项，仍然是愿意去追求更好的方向的。

二、用手账管理健康生活

工作中的对话机制也可以根据自己的工作习惯去改变，不管是有什么样的工作习惯，都可以在对话的时候告诉自己，当前的小快乐没有长远的大快乐来得开心，不管当前沉浸在什么样的状态里，都要积极地告诉自己去做改变。

有时候这种改变会表现得非常简单，可能仅仅是站起身来接杯水，改变一下身体所处的环境，或是保持一个微笑，都能让人获得新的力量。

身体是一切的基础，如果一个人长期不运动，饮食不规律，给大脑和身体提供的血液和营养不足，那么大脑可能会自然判断这个人处于消极且危险的状态，自然就会调用更多的脑干功能，时刻让这个人处在危险和警觉的心态里。

反过来，如果能保持身体处在轻松健康的状态，有适当的饮食管理、好的作息规律和运动计划，那么身体所发挥的能量，对人的好处就是不言而喻的了，用这条最优路径形成健康的身体、情绪和思维习惯，可以说是更轻松的改变之道。

2. 更有质感的健康生活

2.1 实现健康饮食是第一步

如何能实现健康的饮食，自古至今，从中到外，都有非常多的观点在阐释这个理论，每套理论都有详细的原则、核心和实施方案。

在饮食问题上,我并不会推荐一整套理论,我想写一些方法来辨识具体哪种理论会比较适合自己,甚至好的饮食应该是一套和自己息息相关的饮食理论,应该是每个人都能很容易去执行的。

首先,任何一套强调适度的饮食理论都可以纳入选择范围。

所谓适度,一个简单的标准就是执行起来不应该很复杂,不复杂是指你不用扳着手指去算今天该吃什么,如果没吃就会产生强烈的负罪感,不复杂还指你获取食材不会太复杂,以现在的环境,想要吃到一份家常美食,食材并不会远超生活圈,如果总是要通过类似网络之类的方式获取食材,那么大概率这个食材并不适合自己所在地的风土人情。

中国人很讲究食补和食养,先辈传下来的一套餐饮方式随着地域不同而有不同,而这种不同正好就是在本地最适宜的饮食方式。譬如,你在川蜀之地吃重麻重辣,因为川蜀之地气候湿热,吃麻辣的能帮助排出身体的寒湿,如果不在川蜀之地这样的气候环境吃,那么很可能要上火。

现代很多人离开具体的生存环境,去网购欧美菜谱,结果却没有达到自己想象中那么健康的身体状态,而且离开了生长地的口味,吃了也不舒服,身体要去理解和消化这份菜谱也要花好一些时间。

不管是更多元的饮食方式还是选择单一的菜单,如果一天的摄入量超过人体所需，吃下去都会给身体造成负担。很多人为了减轻体重或者让身材有肉眼可见的改变，选择过分单一的饮食，却忽略了，身体其实能确实消化的量是固定的，这最终还是会给人造成身体上的伤害。

多元且精细的饮食安排也会遇到这个问题，身体能消化的量其实是固定的，哪怕你坚持了一日三餐，也总会有那么一部分身体消化不了，最终还是会变成身体的负担。

因此，必须选择一套节制有度的菜谱，而且这个菜谱最好不要完全脱离自己的生存环境和过往饮食习惯。

其次，尊重身体的感受。

身体是非常诚实的，对于食品的诚实度高过逻辑思考。

既然想选择一套有度的吃喝标准，那就是说，不希望自己吃完以后体重增长得很可怕，但是很多人会听从别人说的，某个菜谱很健康，就去尝试，可是尝试了以后并不好受啊，体重是减轻了，但是一想到自己吃了什么，就会产生一种深深的惧怕，继而就坚持不下来了。

我见过人说："我想要减肥，我知道什么方法能让我最快瘦下去，可是我却没有坚持下去，我好自责啊，我觉得自己很没用！"

对待这样的抱怨，除了分析对方是否有别的压力，我一般会告诉对方，这就说明你的身体不喜欢这个菜谱，你不要再那样吃了。

一般而言，对自己的饮食稍有反思，都能很容易就发现一顿饭带给自己的真实感受。

太撑了，那么就是吃太多了，记忆一下这个感觉，下一顿开吃之前想想是否要继续那么撑，想一想这种很撑的感受是否能用别的感受去替代，然后改进自己的饮食策略。

如果是吃完觉得很寡淡很饥饿很烧心，那自然也必须要去尊重身体的反应，这就说明身体并不喜欢这种过分节制的感觉，不要强迫一个没有内在动力的躯体去接受这份寡淡的菜谱。

我吃过最让我舒服的饭，是吃完刚刚好饱，没有太撑，但是也觉得充满了能量，这种体验可遇不可求，有时会发现比较难以复制，于是去稍微减少食品摄入也能得到这种刚刚好的体验。

也就是说，不要过分迷信某份菜谱，去理解自己的身体远比去理解一份只有文字的菜谱更加重要，也更加立体。

最后，吃应该是一件有幸福感的事。

吃是很幸福的，如果你吃的是对的，你会感到身心都很愉快，以至于甚至有人会执迷于简单地通过吃产生幸福感，用吃来缓解压力，这个做法当然是不可取的，但也的确能证明吃应该是饱含幸福感和归属感的。

不管你吃得是饱是饿，是否尊重了自己的身体，吃到一顿真正美好的食物应该会从胃里升起一股暖流，而这个美食不一定非要是昂贵高级的，可能妈妈做的久违的一碗口味熟悉的面就够了。

事实上，现在物质过于丰富，一款款美食纷纷努力被打造出网红的模样，排着队等待客人临幸。但很多时候，吃着又觉得，想象起来很美好，真正放到嘴里又太过于平淡，和自己的理想差距太远，原因正在于，这不是一个让人幸福的味道，这个味道离日常生活太远了，离小时候那个陪伴自己诞生了欢愉感的味道太远了，自己想追寻的不过是一种平淡简单的味道。

所以，就算是吃，也要偶尔地审视自己的内心，每个人的性格不同，能让一个人产生幸福感的美食也随着每个人的不同而变得独特，但是在这个千变万化的时代，一个人想遵从内心并不那么容易，除非清楚地理解和明白自己。

说到底，不管怎么去吃东西，核心就是人，不管怎么去吃，最终都离不开人的体验。人一天要吃三餐，如果在这一日三餐中，没有一餐是轻松愉悦的，或者都会伴有焦虑，那么，大脑会有一种不安全感，会发信号给身体，现在我们可能处在一种危险状态，情绪进而会变得紧张，身体随时都在备战状态，这样的身体状况下，人自然会很难呈现幸福美好的模样。

这就要说到面对美食的每个人，一个味蕾过于刁钻的人是很难享受食物带来的美好的，这种刁钻除了表现在饮食上，在生活的方方面面也会显现出严苛，对食物接纳度很低的人，对他人往往也不会显得很宽容，甚至对自己的接纳都会很少。

这就是为什么我们要花很多篇幅来讲吃，因为吃在人的一生中实在太重要，一天三顿饭，每顿饭都意味着一个选择，这个选择与其说会影响一个人的所有选择，不如说是这个人选择模式的集中体现。

大大咧咧的人,在吃方面也会呈现大大咧咧的状态;谨慎的人,你带他去吃碗面,在吃面的过程中,你可能都能看到他在自己的碗里翻来覆去挑面。

吃对人太重要,重要到需要花心思专门去管理自己的饮食和饮食带给自己的感受,建立专门的饮食手账来对食物本身产生情感,这就是最基本的饮食法则。

2.2 说比做容易的规律作息

想要做到规律作息,我们首先需要重新审视一些头脑中的观念。

中国人的文化传统,是推崇追求"成圣为王"的儒家思想,而传统文化里的"君子"也不断被人推崇,可是,所谓"君子"真的是很励志的人物吗?

这里面其实饱含了我们对自己的传统文化很深的误解。

很多人没发现传统文化正是最提倡休息的,有一个很典型的误解正在《周易》的乾卦里,"九三,君子终日乾乾,夕惕若,厉,无咎"。

"终日乾乾"大家理解为奋进的样子,认为是符合卦意的,是在表达自强不息的意思,"夕惕若"的绝大多数解释是时时保持警惕,但实际上,这种解释可以说是一种误读,其本意是想表达,到了该休息的时间,就要去安安心心地休息,能安心休息好的人，才能安心工作好。

从本意来看，"夕惕若"就是要说，君子是日出而作日落而息的，不要超越了日落而息这个尺度，才能在危局中做到不出错。

正是这样一个小误解，让我们延续千年地误会了，想要成为一个德高望重的人，需要用时间来苦练，需要拼命来证明自己，于是来自老板"996"的倡导就变得顺理成章还成功铺开到了更多的行业。

是的，勤奋很重要，可是休息更重要，因为只有在停下来的时候，人才有时间来细细思量方法。

适当的方法比蒙眼盲拼重要多了，就好像一个人想写一篇文章，提笔开写，可能写得非常努力，但是会面临写一半删一半的情况，因为写到后面会看到前面的内容和自己真正想表达的意思有很多出入，反反复复浪费了许多时间和精力。

如果这个人提笔之前先理了一遍思路，在清晰看到自己文案的框架以后，再往里面加入适当的语言，可以让写文的时间缩短很多，而且可以把表达变得更有逻辑，让别人能看得懂。

工作也是一样的，要懂得停下来，思考和总结方法，这样才能有效率，而不是想做什么做什么，拉到哪里打到哪里，最后发现所有的工作都没有成效，还要重来。

为什么连强调君子一定要自强不息的乾卦的解释里面，也要专门强调一遍，日出而作日落而息？这正是想说，如果你没有给自己足够的休息时间，那么所有的抱负和理想都是空谈。

其次,"作息"一词,想要"作"好,必要"息"好。

都知道一日之计在于晨,都知道要抓紧每天早上早起的那么一段时间,让自己充分地利用好时间,可是,如果没有一长段时间的早起实践,你不会清楚,其实一天的开始并不在早上,而在你头天晚上睡觉的那一刻。

不仅新一天是开始于你的头一天夜里,这个时间点也是检验你一整天有没有虚度的最关键节点。

只有在睡觉的时间,才能鉴定你这一天过得是否是真正有意义的,假如一个人认为自己这一天过得实在是没有意义,也可能已经努力做了很多事,但是距离自己想要的方向还很远,就会舍不得入睡。

这种不甘心会在想起今天还有什么事没有完成的时候更加难受,计划到第二天还有什么事情要做,就更加焦虑到不行,如果此时你还有一份信用卡账单要还,钱还不知道在哪里,那么自然就难以面对自己了,会很难睡着,经济压力总是压垮骆驼的最后一根稻草。

你可能在这一天工作上取得了长足的进步,做完了积压已久的项目,但是到了晚上,你却无法睡着,那这个时候就该思考一下,为什么结束了这个项目还是不放松不快乐?

这个时候最该思考的是自己是否为自己活了起码一分钟。正如我在前面提出的个人时间这个概念一样,如果一个人过了一整天,一分钟个人时间都没有被尊重,完全没有去和自己相处一分钟,那么这个时候,他很可能睡不着,在他的内心深处，还有一个人，没有被安抚到位，就算全世界都陪着他，都无法满足他。

很多人注意到了要关注自己的内心，却被周围人说矫情，结果自己也觉得可能真的矫情，就这么放弃关注自己的内心了，接下来就会选择用越来越多的外在因素来满足自己，最终，这个没被安抚好的灵魂，化身成一个不愿意睡觉的小孩，用各种方式去拖延睡觉时间，再影响整个人的情绪。

因此睡眠无比重要，重要到可以成为判断一个人是否有心理问题的指标。作为一个心理咨询师，我会在对方都还不太清楚自己陷入焦虑或抑郁情绪之前，在随意聊天的过程中，就能大体判断出对方的情况。方法也很简单，当我发现对方谈话过程中出现了焦虑或抑郁的倾向以后，我就立即问对方的睡眠情况。一般来讲焦虑或抑郁的人都会处于难以入眠的情况，再视失眠时长和具体的谈话内容去深入了解。

是的，一方面焦虑或抑郁情绪的累积导致了失眠，另一方面，失眠也会加深焦虑或抑郁情绪的累积，很快就进入恶性循环。

睡眠问题通常会隐蔽在很多其他问题之后，在现代这个快节奏的社会，很多人会注意不到睡眠障碍的影响。

尤其是有手机这样方便的娱乐方式，更是会帮人麻痹对睡眠不好的敏感神经，就会把自己失眠了这种很客观的身体原因，弱化为自己不够自律，玩了一晚上手机这种比较主观的原因。

的确也有情况是明明能睡的人，依赖玩手机，玩到睡着，结果一过就是一晚上的情况。

之所以说从客观原因弱化为主观原因这个习惯不好，是因为会导致实际有睡眠障碍的人蒙蔽自己，选择对自己的睡眠障碍视而不见，这也是一种消极应对身体实际问题的选择。

一个长期睡眠不足的人，不仅会时时情绪不好，而且看问题的眼光也会略显狭隘。控制不好自己睡眠的人，自然也就只能随波逐流，难得会出现有创见和有远见的产出。因此我并不会相信时常熬夜出品的东西会具有长远价值，特别在文艺类作品中，时常熬夜的作者的作品里经常会包含过多的负面信息。

解决这个问题，除了给予足够的重视，还要有切实的行动。

第一，在晚上睡觉前思考一下，今天的事情是否做完了。如果没有做完，能不能在短时间内做完，如果可以就去做，如果不可能很快完成，或者工作还要靠别人配合才能完成，那就赶紧停下，这证明这个工作不仅今天做不完，而且也不是必须要做完的。

第二，睡前不要玩手机。

很多人的睡眠问题其实很好解决，手机放下来就睡着了，可是这么老生常谈的内容还是值得强调一遍，因为放下手机这件事的内在动力并不好找。

实际上，超过晚上十点还在看手机，多半内心是或焦虑或抑郁的。在各种情绪的鼓动下，人自然会想要逃避现实，特别愿意去逃避那些主要矛盾，再加上，假如说睡觉意味着一天的结束，那么评价不够优越的一天，更想通过翻手机找存在感。

十点以后的手机里有什么？深夜里推送的公众号，里面的内容往往没什么营养，只是图您一乐；还有不平静的人心，或者自己去找人聊天，或者别人来找自己聊，但话题很多都不必要当时就回应，说白了，很多内容也不是一天两天解决得了的，聊天很久，最终两人都不会得到答案，却要为这种不值得的交流买单。

为了强迫自己晚上十点以后一定是处在手机关闭状态的，我找了软件帮助我，十点准时会提醒我去关闭手机，第二天早上五点准时起床，我就能在软件里收获一幢虚拟的房子，知道自己的手机锁一晚上还能给我带来一幢好看的房子，也算是我的一个内在动力了，而看着连续的时间越来越长，又觉得成就感满满，自然更愿意坚持了。

自律是很辛苦的，让自己随时能看到明显的成就，也就能让坚持不那么枯燥。

第三，如果实在睡不着，就深呼吸。

从医学角度来说，深呼吸能产生让人进入轻松状态且能助眠的 α 波，但事实上深呼吸的意义在于，你更多关注了自己的呼吸，就会有更少的杂念缠绕你。我在实践中也发现，一般来说，语速较快的人，呼吸也会比较快，呼吸比较快的人，杂念也会相应非常多。

杂念多不仅会影响人对事件的判断，而且往往并不会达到"凡事预则立,不预则废"的效果,反而会增加很多不必要的焦虑。

在涉及需要别人反应自己才能做更进一步决策的事情时,最好的态度就是不要预设,因为只有不预设对方的策略和反应,才能真正"听清楚"对方的想法,从而决定自己的下一步策略,并且和人相处,越慢越好,越不急越见真功夫。

人的杂念有两种,对过去的反思和追悔,对未来的不确定和担忧。前者形成了抑郁情绪,后者促成了焦虑情绪。明白了这一点,就要知道,一旦头脑中开始有杂念的时候,就不要放任自己去顺着思路往下走,立即停下来。减轻杂念带来的思想负担,在书的后文中还会去更详细地描述具体方法。

到了夜里,人很容易生出许多胡思乱想,往往想得越多就越没方向,就越影响睡眠,还特别容易因为想太多而最后后悔。

我偶尔也会遇到失眠的情况,这种时候我会细分一下自己在想什么。通常来说是前面做了实在是太让我兴奋的事情,或者看了非常激动人心的电影,或者和朋友玩了特别有趣的游戏,而且在熬夜的情况下,头脑里会不断回旋当时的画面,这是由于身体在感觉到困倦的时候,强行兴奋让自己可以撑下去。

对具体的事情,我会区分一下当下方不方便做,通常答案都是否定的,我就会劝自己第二天早上早点起来做。

至于感情问题,也没必要让它打扰到你的睡眠。我没有为感情困扰睡不着的情况，通常情况下，感情问题仅靠一个人难以改变，我有足够的耐心等别人给我反馈。

最后，过好每一个有意义的白天。

头天晚上的睡眠才是新一天的起点，保证好了睡眠，你就能在第二天精神饱满地醒来，动力充足地应对生活中的压力，而且不会随便发脾气，不会看到什么都被挑战到底线。

我每天晚上十点睡觉，第二天早上五点起床，我常被问，这样的睡眠时间会不会困？如果做不到晚上十点准时睡觉怎么办？当然还有，早上起不来怎么办呢？

这的确是我会遇到的问题，我白天有时会很困，发现自己开始感到十分困倦的时候，我会第一时间保证我的睡眠。就算有的时候正给孩子讲着故事，我也会告诉孩子："宝宝，稍等，妈妈想睡一下，你自己玩一下。"然后倒头就睡，大概十几分钟左右会自动醒来。

若是身体感到困倦了，除非特殊情况，否则不要敷衍强撑，最好先保证休息，特别是开车之前，一定要保证自己不会中途犯困打盹。

再者，晚上十点准时上床，却始终睡不着怎么办？当然是非常可能的，我只是保证了自己晚上十点借助软件或自控力把手机锁起来，但是却做不到晚上十点准时睡觉。还有很多时候我觉得自己一天过得很没有成就感，事情没有做完，也会陷入无助的焦虑情绪中，我就会在床上坐着看书，客观说超时是寻常的。

我不会强迫自己必须晚上十点睡，不睡就深切责怪自己，我的方法有点类似于鸵鸟把头埋到沙里的逃避策略，我会避免在睡前看时间，当然，我卧室里也没有时钟，进入房间就开始失去时序。当然，为了第二天早上成功起床，且心情很好地保持工作和社交，我一般还是能赶紧放下书本的，实在放不下，躺着看书大概也只能支撑不出三页就睡着了。

客观来讲，保持好晚上十点睡，早上五点起，算是一种规律作息。但是保持了晚上三点睡，早上九点起的人也算是一种规律作息，如果说一种习惯只要是规律的就是好的，那的确谈不上一种比另一种更高级。

如果说早睡早起的好处，可能我们可以在中医的经络运行学说中找到根据。但是西医也说，假使你追求深度睡眠，只在特别困的时候躺下去睡二十分钟，坚持一种称为多相睡眠的方式，同样也是健康的，而且还节省了很多睡眠时间，并不是不可以。

因此，我不从医学的角度来建议大家早睡早起，我想说一个很私人的角度，就是获得私人时间，获得和自己相处的时间。

我们为什么熬夜？

不管借口是什么，说到底就只为了多获得一点个人时间，白天工作太多太忙，打扰自己的人太多，有时候甚至连发呆的时间都没有，到了晚上，夜深人静的时候，就只想自己一个人，坐在某个地方去随意翻翻手机，甚至翻手机的时间都是处在半梦游的状态,其实就是只想一个人和自己相处那么一段时间。

但是,夜不平静啊,你会熬很晚,总有更多的人熬得比你还晚,找个人聊天吧,两个晚睡的人互相都会把对方折腾到很晚,有时候甚至不是自己去主动找的,而是对方来找上自己的,可是超过晚上十点以后的话题,通常并不是重要到非回复不可的。

假如换一个时间,早上早点起来,这段时间周围的很多人都还在睡,很少会有人来打扰,就算说上几句话,也会是比较简短的内容,因为早上通常会很忙,并不想瞎聊。

再有,在这段个人的时间里。我通常会早起喝杯水,继而去愉快地磨豆煮咖啡,跟随着咖啡带来的兴奋感去运动排汗,到点迅速坐下来写作,这个时间完全没人来打扰,不用担心孩子会跳起来做什么了不得的事,也不用害怕老公会爬起来对我没做好的细节指指点点。

如果我是住在父母家,我会把门锁好,头天晚上把水、早点等在房间准备好。第二天早上悄悄起来做好该做的事,一点也不会影响别人的休息,反过来说,别人也不会影响我。

正是这段大约两个小时和自己高质量相处的时间,才让我的幸福感提升得非常快,因为我可以在这么一段时间内,毫无负担地和自己相处,不用去应付别人的评价,也让我更清晰地通过行为理解自己的想法,继而理解别人的想法,找到自己的定位。

我相信人都是非常愿意在群居中找到自己定位的，和别人的交流越多，越希望能找到自己，这个方法就是简单给自己看到自己的时间。

偶尔，我老公也会跟我同时起床，我们不会密切地说话，更愿意给彼此留有这种私人体验。

你所有规律作息的结果，都会在白天有所收获，理论上人一天有24小时，如果分成睡觉8小时，工作8小时，那么还会有8小时是私人时间，就算把这块时间用吃喝拉撒睡给排除了，总还应该剩那么一点。

但是对大多数人来讲，除了工作和生活，留给自己的时间相当少，时常是想到"自己好似应该去健身了"的时间，就已经是躺在床上实在动不了的时间了。于是看到别人发朋友圈的学习、工作、健身打卡，第一反应是，好羡慕，第二反应就会是，他可能很有时间。

其实真正有时间的人，往往做不到对时间的充分利用，时间感是有弹性的，这就是为什么同样24小时但每个人的成就不一样，有的人时间弦绷得很紧，有的人就很松，其实人的时间感是在充足的安排中得以体现的。

譬如说健身这件事，其实每天最多也就是一个半小时，有时候我对自己的要求很低，能到半小时就很优秀了，半小时相当于什么呢？可能和朋友、同事吃顿饭都不够，也可能坐下来刷一下朋友圈，随意翻两篇文章，时间就过去了，但也是同样的时间，基本可以中等速度跑五千米，最差跑三千米也足够了。

我每天都给自己的白天安排一系列必须完成的固定事项，形成有规律、有时序的生活的必要性正在于此，这些固定事项会充实你的时间感，当你的生活总体是有规律的，那么你总能挤出时间把要做的事情做完。

假如我下午一点要会见客人，而我一天必须要做的事情是健身、写文、背单词和阅读。我会衡量一下，什么事情不做会影响我会见客人时候的状态，然后我会把健身和写文这两件事排到最前，把这两件事放在前面去努力完成。通常下午一点以前我已经写完文、健完身且清洗干净，以非常好的状态去会见客人。

因此，并不存在我的时间更多，而是我努力去把时间安排充足，去充实自己的时间感。

能在白天把每天必须要做的，但又不是很费时间的事情都做完，对晚上的睡眠是极大的促进。到晚上，我通常会告诉自己："我做完了自己想做的所有事，如果还有未尽事项，那就是不重要的了。"那种个人满足感也会让我放弃继续工作，只会希望自己明天能有好的状态。

2.3 适当运动也是一种节制

保持适当运动是保持健康身体的一件重要的大事。

人的健康饮食正好为健身提供了消耗的燃料，而规律作息帮助人赢出时间来进行运动。

健身更重要的一点在于，一个保持健康科学运动的人是在和未来抢时间。

我每天都要健身，坚持的时间超过了两年半，健身对我而言是我时序感最后的稳定剂，也就是说，只要我能定住健身运动的时间，我一整天的时间就可以有比较全面又有序的安排了。

健身花费时间，却又没有想象中那么花费时间，除非你是选择全程马拉松的专业选手，或者想和网上各路的宣传一样，在非常短的时间里就达到特别好的健身效果。例如出现漂亮的腹肌和马甲线，这类对结果要求很高的训练，需要每天花大量时间去练习。对于一般人来讲，普通的健身运动花不了很多时间。日常训练，一天跑半小时，再加半小时左右的腹肌、胸肌和臀腿肌肉训练，再加上拉伸，这都算非常多了，比如我给自己的要求就是一个小时左右的健身时间。

健身究竟有多少好处呢？

第一个好处是增强了身体活力。

健身一般来说总会挑战到体能极限，而挑战其实也是扩张体能边线。过去可能走上几千米，人就不行了，健身以后，能拥有一个好的身体状态，可以在更复杂的条件下，保持更长时间的运动。

第二个好处是增强了头脑的灵活性。

健身的很多动作会训练到身体的协调感和韵律感，再加上运动能增加血液中的含氧量，增强心肺功能，身体状态保持很好，头脑的反应力也就会相应变好。

过去我们接受的教育里很不重视健身，也不怎么会强调体育训练，总是用"头脑简单，四肢发达"这种话来形容那些调皮但成绩不怎么好的孩子。但随着时代发展，未来也许就不会再这么说了，四肢发达的孩子大概率都是头脑不简单的，毕竟身体的协调性也是依赖大脑运作的，成就的大小，只是看这个孩子花了多少时间在学习上，以及是否会太过依赖体育运动带来的成就感而忽视了学习。

现代社会有很多人是从事脑力工作，而忽视体力培养，可是身体不好的人，脑力工作的效率往往也会大打折扣。

第三个非常重要的好处是，健身能很快排解负面情绪。

健身时候，你也会心跳加速、血流加快、肾上腺素飙升，此刻你的大脑会对这种身体状况做出一种解读。

假如你身处非常美好的环境中健身或者跑步，且强度适中，你可以持续做下去，而且在拿出结果那一刻，你获得了巨大的成就感，那么你的大脑会告诉你，这是个很愉快的体验，你应该再来一次。

再说一个不一定会发生的假设，假如你在健身房，请了高价的私人教练，你没有找到全面的内在动力，且你并没有全面理解健身的细节，训练的状况有点尴尬，在帅气或者美丽的健身教练面前汗流浃背，对方还表现得又严厉又嫌弃。训练完，累得快晕过去的时候，健身教练又没有告诉你，今天你表现得很棒,那么你的大脑大概率会帮你解读为,这个体验太可怕了,不开心,绝对不想再来一次了。

这里只说,你一直处在前面一种美好的状况里,某天你工作不顺利,被老板骂得肾上腺素飙升,非常气愤的时候,出来健身。一阵美妙的长跑以后,你的身体会把跑步的成就感自然融入前面工作不顺利带来的心跳加速而产生的情绪里,再加上跑完步,已经过了好一段时间了,冷静下来,调用逻辑能力去分析事情,就会明白自己到底是在哪个细节上出现负面情绪。

有好的身体状况是你获得好的情绪的第一步,你可能在跑步的过程中放弃对被老板批评这件事的执念,更进一步是,当你不去纠结这一时的情绪,你反而会从被老板批评这个事情中,总结出更好的应对办法,方便下一次从容应对这种状况。

接下来,健身的目标如何设置呢?

对于一般日常健身而言,达到强身健体的目的就够了,并不是真的需要练出八块腹肌。

很多人喜欢追求数据快感,凡是提到健身,就喜欢拿体重、肌肉和体脂率说事,其实健身达到思考这些问题的程度都算是要求很高了,你不必要求自己一旦健身,必达到瘦身效果。

从健身给人体能改变的曲线来看,选择健身后,很长一段时间其实都是一个筑基的过程,身体不会有很明显的改变,通过这段时间的训练,身体各部分肌肉慢慢均衡,形成了肌肉记忆和平衡系统,这之后才会有所改变,也就是说想在三个月之内有明显的身体变化并不现实,但是坚持健身,你可以在这段时间奠定一个很好的体能基础。

健身还可以看作精神层面的事情,通过严格的健身训练,你一方面得到了坚强的意志力,得到了坚韧的决心。有了这两个品质,对大多数人而言,在生活中的大部分事情都能得到妥善解决。

另一方面,健身能让人获得良好的体力,获得很好的心肺活力,这可以帮助一个人轻松应对每天的学习、工作和生活。

因此,知道自己需要什么量级的训练并不在别人的口中,而在自己对自己的目标预设里。

更多的健身达人做宣传,或者健身教练提要求的时候,都不会根据每个人的具体时间、体能状况来提出适当的训练目标,为了获得训练效果,都会以训练准专业人士的水准,再往上加一些要求。其实这是没必要的,在我进行跑步训练的时候,经常听到的一句话是:"跑得轻松才能跑得更远。"容易执行应该是设置健身目标的第一个要求。

给自己设置健身目标,应该是以自己的身体为基础的。

我个人对自己的体能一直都有一个很好的评价,因此我会喜欢提高训练难度和训练量,去追求自己的身体受到挑战的感觉。有的人可能练了没有多久就累得喘气,这其实可以适当降低自己的训练强度。还有的人,还没有健身就开始觉得自己可能不太适合健身,因此放宽要求,只做非常少量的训练,这也是值得尊重的。

从自己的身体和精神两个层面来制订训练计划，可能训练了三个月都还在初学者等级，完全不要紧，最重要的是自己动了，不管动得多动得少，行动起来才是最重要的。

如果说设置带有数字的健身目标，我个人建议，不要去设置体重、体脂率或者身体数据之类的数字目标，而是去设置时间目标。我们能在一定程度上控制自己的体重变化，在一定范围内，多吃少吃，对体重都是会有影响的，可这是通过饮食来影响的体重，并不完全是靠运动带来的结果。

真正的健身目标应该是，每天去运动多长时间，加上可以设置每个动作做的训练数量，这样能成为一个有效目标，并且能对人有很好的激励作用。譬如说，我期望自己每天肌肉训练半小时到四十分钟，再加上半小时的跑步。在这一个小时左右的健身过程中，我可能跑二十分钟就不想跑了，但是设置了半小时的跑步量，我就会在最后十分钟稍微逼迫自己坚持一下，坚持不了跑步就坚持走路。

一般来讲，训练时间在半小时左右，能达到燃脂的效果，而且半小时的时间也相对比较好安排。坚持时间目标，就可以稍微放松对训练强度的追求。每个人对自己的要求不一样，但是如果仅仅追求快捷高效和高训练量的话，可能会反而难以长远。

避免追求强度目标，就可以给自己的身体和精神留出弹性时间，来适应身体在健身过程中产生的变化，这样也可以避免运动量过大对身体造成伤害。

在健身过程中，努力理解相应健身理论也是很重要的，首先，这能帮助人们知道自己做完某些动作以后是训练到哪部分肌肉，训练了以后有什么切实的效果。再者，一定要理解肌肉在运动的过程中会产生什么样的变化，否则不但达不到训练效果，还有可能造成运动伤害。最后，我们需要理解每个运动的边界，就是做到某个程度以后就必须要停，清楚自身体质所能承受的运动量，就在这个程度以内，不要再加量。理解边界很重要，这必然是众多实践得到的经验，在这之后还要突破可能就很容易受伤了，健身没有必要去冒这样的风险。

至于健身的方式，在现代这样一个便捷的网络时代，可以获得很多资讯，找到了自己感兴趣的方式。不妨去尝试一下，在尝试的过程中去观察对身体和精神状态产生的影响，多做对比，一定能遇到自己最喜欢的训练方式。

3. 用手账记录和管理健康生活

3.1 可视化的身体管理方法

如果用一句话描述我们的身体，那我会描述为"缺乏钳制的贪利者"。

管控我们身体的是爬虫脑，是所有大脑部分中最"大牌"的一个部分，凭其一己之力控制了我们的整个身体，也决定着情绪和思维的发展。可以说不仅是缺乏钳制,对一般人来讲,基本可以说是无法钳制。由于其能力实在强大,不用一个更简单、更清晰和更明确的方式与其沟通,难免保证不被其一直制约,难以超脱出来。

但是,身体也是一个贪利者,成千上万年的进化决定了它一定是最会取利、最会调用自己所有能力去存活的存在。可以说,只要见到和感受到益处,身体一定会第一时间做出最快的反馈,支持个体去获取利益。

因此,对长期坚持健身的人来讲,健身只是一件需要做好时间规划的事情,并不需要做过多的思想斗争,身体自然就会对健身有需求,并不是没有长期健身体验的人第一反应的那样:"这是怎么坚持的?"

我们要做的事情就是说服我们的身体去感受和接纳这种益处。

现代人讲到商业计划,要有图、有表、有数据,能让别人最快地接受自己的理念和想法,能最快获得成功。其实用到个人管理方面,这也是有用的。手账正是一种可视化的呈现,再加上去进行图表和数据呈现的过程中,人对自己又多了一遍审视,可以说是更有效率的。

对于没有规划的未来,人往往会感觉害怕,不愿意去面对。很多人都经历过这种担忧,特别在做事的过程中,越是认为不知道结果是什么,越容易带来严重的焦虑。

可是,如果对世界思考的方式更有连续性的话,就会发现，所有的未知其实都是已知的，每个人对未来都是有确定认知的，只看是不是选择用这个角度去看待问题。在用一种连续性思维看待世界之前，可以先学会做规划，一旦有了规划，且能明确知道事情的发展方向，大多数人就能轻松克服对未知的恐惧。

这就是我建议的，一定要用一种可视化的思路来管理我们的身体。

这种可视化不仅仅是你会去镜子面前照镜子，审视自己，更多的是你要有一个可视的理想化的自己。

这个理想化的自己包括你希望自己通过健身所能达到的身体状态，甚至可以找到自己理想身材的范本，放在自己的身体管理手账里，用更可视化的方式把目标呈现出来。

每个人对理想身材的管理目标是不同的，也就应该有不同的管理计划。

对身体的规划，可以成为整个规划习惯培养的最佳起点，这是由于，身体愉悦带来的成就感是倍增的。

通过调整饮食、作息和健身习惯，可以有相当显著的收效，让身体进入一种轻松愉悦的状态中，能在最短的时间内让身体爱上有规划的感觉。身体爱上这种轻松愉快的体验以后，就会自然且积极地去追逐这种体验，从而能快速形成习惯。

如果对身体想要养成什么习惯做一下细致规划的话，会发现，其实养成身体习惯有时候真的比想象中快。有计划地养成身体习惯，包括几点吃饭，几点喝水，喝多少水，通过合理的安排都能快速看到效果。

但这样一来就意味着我们需要学会培养比较全面的规划意识。

第一，学会制订合适的健康计划。

想要实现对健康身体更好的管理，就应该学会用数据化的方式让自己的管理变得可见且有成效，健康计划应该包括作息计划和饮食、运动的规划。

用全局的、宏观的方式来看待自己的生活，把自己的规划同步跃然于纸上，会让自己更有目的地理解自己的未来。

我们一直都在强调适当，所谓适当正是指不要求快，要注重平衡。

饮食方面要避免为了减少体重而执行严苛的饮食计划，这种计划有百害而无一利，依靠节食减重的人，在恢复正常饮食时往往再次复胖，而复胖起来的后果往往超过自己可控的范围。

还有一个不要贪多求快的原则，那就是不要为了追求数据而猛增运动量。在运动量方面要对自己有足够的宽容，这种宽容表现在，你能允许自己今天的运动仅仅是出门走一圈，甚至明天的运动也是这样，一周的运动也是这样，而不要给自己猛打鸡血加大量，一开始就跑十千米，今天跑完明天连动都动不了。

很多励志书总是用斗志昂扬的语言劝人猛冲一把，不突破就永远没有机会突破。其实这种观点就是否认了人是变化的个体，否认了人本身所具有的追新求变的本能，一来就设置一个一成不变、死气沉沉的标准。

且不说人会在达到一定量的改变以后，激发一个质变，而这个质变必然会带来新的量变，设置过高的目标，往往会导致人在达到质变以前，就已经被超越自己能力的量给击倒了，甚至再也爬不起来，也再没有信心去追求下一阶段的目标。

人是会变的，适应当下的要求，适应当下自己的身心状况的量，是最好的量。先形成习惯，先知道，今天这个时间我必须要去走个路，雷打不动，就够了。

第二，写健康手账，找到一个和自己的内在对话的渠道。

很多时候驱动人不去做一个尝试的理由小到几不可查。

人太容易对自己的自控力做出过于乐观的估计，才会一次又一次被那些不可察觉的内心小对话给哄骗过去。

我们很容易通过审视自己没有成果的一天，发现自己给自己找的很不高明的借口。

举个例子，有天早上我送了孩子以后，发生了一小段内心对话："今天去不去健身房？""嗯，应该没有带健身卡，所以不去了。"

然而事实上没过多久，我就从包里翻出了健身卡。

拿到手上都没有揣摩纠结一下就放回去了，给自己一个不去健身房的理由："现在才翻到明显已经没有时间了啊。"

实际上距离之前哄骗自己没卡不去的时间，并没有超过20分钟。

对于实在不是行动派的人，正好可以用手账来找找自己的内心对话。

我们每一分钟头脑里都会闪过千念，这些念头在我们的心里悄悄流淌，却不是完全找不到踪迹。并且这些借口虽然能迅速哄骗自己，但是却经不起推敲。

在前期给自己建立一个"借口手账"，正是帮助自己克服不适应阶段的最佳途径。

所谓的借口手账，必须要包含着计划、结果，如果出现了计划和结果不一致的情况，那么就要去理顺这些不一致的点。目的实际上是找到真正阻碍自己去健身的深层次的点，并且解决，避免因为这些小的偏差而影响长期的计划。

发现计划和结果不一致后，可以给自己找五个可能导致这些偏差的理由，通过排查，多数情况下都能定位到最深层次的理由。

继续以我没去健身房这件事来看，以事实说话的角度看，计划去健身，结果没有去，就是事实悖逆了想法。

没有去成的理由：第一，没有找到健身卡；第二，时间很紧安排不过来；第三，有棘手的工作还在等着立马做完；第四，做完事情就尽量安排时间去健身；第五，没有工作完，实在是没心情去。

而在这五个理由中，最快蒙蔽我的就是没有找到健身卡，而后面的几个理由全是和工作、时间有关系的理由，并且很显然，这几个理由也很实际，甚至是很多人都会遇到的。

但是细想一下，我是不是真的就是因为没有时间所以不去的呢？

事实上，尽管时间确实显得很紧张，可是我在没有健身的情况下，并没有把工作都做完，而且还拖延了主要工作，最终并没有取得我期望的效果，一天下来就是实实在在"竹篮打水一场空"的体验，强迫自己只要做好一件事的结果就是所有事都没有做好，还破坏了自己的时间感。

通过在手账上把理由列出来，我看到了自己找的借口，也看到了自己面临的时间窘境。那么接下来就是更合理地安排时间，更坚定地执行计划，将时间充分利用，这样一来反而帮助了棘手的主要工作。

因为健身的时候，身体可能疲累，但是头脑是轻松愉快的。我可以听着好听的音乐放松自己，或者汲取新知识，也可以和朋友打打电话，促进一下社交。

而这些信息的输入，又反过来帮我在主要工作中获得更多的思路，实际上是让我的工作更高效了。

第三，写健康手账也是一个对镜自照的过程。

现在照片和视频的使用非常普及，大家讲到健身的变化，通常都是拿出自己健身前的照片和健身后的照片，对比一下。

这的确是一个好的对照方法，但是我更推荐在手账上去记录一下。

人会忘了自己的，当自己变得更好的时候就会选择忘记那个曾经在无助糟糕心态中的自己。遗忘确实是一件好事，一个人若是什么事都要牢牢记住，大脑会很累的，而且也会很难在一连串的事件中找到改变自己的出口。

写健康手账，可以对比自己一段过去和一段未来之间的差别，这种差别不仅仅是身体状态上的差别，更重要的是心态的差别。

我有一年翻看自己曾经写的手账的时候，发现有很长一段时间，全是一页只写一句话：今天什么都没做啊！

而那一年到年末我整理手账时，不仅已经实现了每天坚持健身，而且还是在同一年开始每天早上五点起床的。正是这些体验，让我知道了，没有什么事情是我不能去争取的。

在我翻出那本手账的时候，我都不敢相信，自己竟然还有过颓废到一天只记一句话的时候。可是想想，正是那段时间的体验，让后来崛起的自己更有了珍惜当下的力量，我看完都在感叹，现在这一切的获得都非常不容易。人生不走回头路，就坚定往前看，幸福地走下去吧。

因此，刚开始写健康手账的人，很有可能也会遇到这种颓废的时期，这只能证明我们是凡人，不能说明我们是废人。所有的低谷都是让自己爬上高峰时更有力量的积淀，写下来会更能理解自己，让自己不会忘记是从哪个低谷开始往上爬的。

从这个角度看，我们也能很轻松地得出一个结论，相比完成任务而言，培养起坚定做事的成就感是更重要的事情，对所有的健康计划，没有必要从一开始就一丝不落地执行，去理解没有执行背后的原因，比敷衍着执行要更有意义。

也不用考虑一上来就给自己安排很大的任务量，高质量地完成一两件事，比一次性全部完成意义要大得多。

3.2 实现更好的作息管理

作息的重要性前面已经讲了很多了，但是实际情况是，每个人都非常清楚规律作息的重要性，每个人心里都有一个想要追求的规律作息的范本，可是却无法实现自己心中理想的作息方式。

我也会常被人问："你两年来是怎么做到每天早上五点起床的？"

通常我会把这当作别人的褒奖而非求教来听，因为这个问题回答起来很复杂，更重要的是，并不是每个人真的都有必要做到那么早起床。我更认可的是，在找到自己要早起的核心目标以前，先找到让自己最舒服的生活方式，不管是什么样的方式，都学会欣赏，这样一来，若是真到了必须追求某一种规律生活的时候，就能更有动力地去追求。

第一，作息管理的困难性体现在人的时间感上。

时间感是很容易消逝的东西，从一天完成十个大小项目退到一天只专注做好一件事之间，看起来是更专注了，其实是更低效了。这种低效是一种总体平衡着下降的低效方式。

同等任务下，最快完成工作的，一定是最忙的人。

每个人都会面临一些时期，在这一时期内，时间感会损耗得特别厉害。以一个普通大学生的人生轨迹为例,有三个时间感被损耗的典型时期,一个时期是从高中进入大学,一个时期是从大学毕业以后刚开始工作,还有一个时期是退休以后。

在高中毕业以前,一个学生的正常作息是受控于学校的,学校会有严格的作息规定,并且每段时间上什么课都以星期为单位,排得满满当当。对一个学生而言,可以坐在教室里,基本都不用换教室,就被别人把一整天的生活安排满,自己主动需要思考的就是几点上学、几点放学和几点回家这些相对容易做出行动的时间点。

而到了大学以后,大学的课程安排比较松散,有时候都不在同一个教室。除了上课的时间以外,一个学生会有很多的时间是可以自由安排的。不管是什么样的大学,都会有一些人实现对时间的有效管理,从而实现对人生的全新认识和理解。同样,在同一所大学里,也会有人从头到尾混四年,什么都没有做,什么大学预期的目标都没有实现。

时间感的减弱,是整体减弱的,看起来只是课程安排的减少,实际上是伴随着整个生活体验的松散。如果在所有没有课程的时间都不主动安排自己的事情,那么一段时间以后,会连课程都不想去上。

从大学到工作,看起来应该是要求更紧凑安排时间,但实际上,时间比大学时期还要更松散了。

这是因为,在学校里,每个课程是有时长限制的,并且课程是要考试的,这个过程中,人对自己的生活安排是追量又

二、用手账管理健康生活 | 115

要求质的。

到了工作环境中,其实这种质量感只会存在于较少数人的头脑里。对于更多的人,上班打卡,下班打卡,中间稳步完成一些规定的重复工作就足够了,并不会再去精益求精。

在学生时代,你和他人的差别能够通过成绩来体现,但是到了工作环境,人和人的差别就太多了,有时候只能捕捉到某些点,并不能表现全部差别。

第三个时期是退休以后。

很多人到了退休会有严重的不适应感,更多人是在退休以后才发现自己的个人生活和家庭生活原来和自己想象的根本不一样。所谓的天伦之乐还来不及享受,先享受了一波旋涡式崩塌,哪儿哪儿都看不顺眼,也同时哪儿哪儿都遭受指责。

夫妻关系最受到挑战的时期正是两个人刚刚退休的时期。一方面工作了一辈子,正准备开始愉快的退休生活,另一方面才发现没有工作烦扰、没有孩子闹心的夫妻关系,比想象中还要更糟糕很多。

这其中就伴随着时间感的严重退化,有很多人并没有过严格且主动追求时间进度的习惯,离开工作时间对人的制约以后,生活会更加被动起来,看起来轻松的环境,却让人迅速陷入无事可做的焦虑。

想要解决这些问题,越早培养自己的作息习惯越好。

第二,管理自己的睡眠时间。

我们可以建立一个睡眠手账来有条理地管理自己的睡眠计

划和监督睡眠计划的实施,在管理自己的睡眠方面,应该坚持记录计划大过记录实践的原则。

道理也很简单,到要睡的时间还专门记录一下是几点了,不仅会打扰睡眠节奏,还会带来更大的心理压力。所以相对而言,记录下具体几点睡觉的意义,并没有比做好计划早点睡的意义大。计划应该是可以简单执行的,并且切实有效的。

首先,规划几点睡觉。这可以说是所有规划里最核心的,而后面所有的规划也都是服务于此。

我们通常认为一个成年人的睡眠时间是7~9个小时,随着年龄阶段不同而会有不同的睡眠时长的需求。另外,睡眠的周期也很重要,国际睡眠医学将睡眠阶段分为五期:入睡期、浅睡期、熟睡期、深睡期、快速动眼期。这样一个周期一般是90~110分钟之间,而完成一个完整的睡眠周期的时间刚好醒来,能让人精力更加充沛。

每个人可以根据自己的时间来计算,如果我想要在早上五点起床,并且还保持较高水准的精力的话,那么晚上十点入睡是比较合适的。

但实际上十点钟以前我能做到准时把手机关了,却不一定能成功睡到床上。对大多数人而言应该也是如此,深夜能吸引我们去做的事情实在太多了,出现拖延是完全可能的。

此时我们要做的不是对自己深深谴责,而是在意识到被深夜吸引的时候,学会放松心情停下来,赶紧上床睡觉。若是无法做到,还可以在白天给自己留出一定的时间用来补充睡眠、恢复精力，避免让自己陷入因为拖延而造成的负面情绪中。

其次，规划出睡前事项。

经过深思熟虑去规划一个睡前事项是非常必要的，时间跨度应该是睡前的两小时这么一段时间。

这样一段时长足以让人去完成一些不算太困难，但是又确实会影响睡眠的工作。

这个睡前事项可以包括某些要打卡的习惯养成，可能白天没时间去完成，或者完成了一半没有全部完成，已经躺上床以后，发现自己这些事情必须完成，不完成就会让自己瞬间充满情绪，以至于睡不着，被这些事件深深折磨。

这些固定而且并不是很难完成的事件，可以将其列到一个清单里，再在手机上设置一遍提醒，每天睡前半小时提醒自己去检查并完成这些事。

还需要注意的是，手机可以说是当代人高睡眠质量的最大敌人，睡前关闭手机能让人更快进入准备睡眠的状态。这意味着你不需要去回没有必要回复的消息，坚持一段时间以后，大家就会习惯你的作息，并不会在这个时间来打扰你，人是可以用自己的坚持来改变别人对待自己的方式的。

能帮助人在睡前管理手机的软件其实也不少，只要是强制不能切出去的软件，其实都可以发挥功能应用于睡眠管理，而且也有越来越多的软件商瞄准睡眠帮助这个领域，出了很多优秀的软件。

最后，留一个备选方案。

对很多人来说，睡前做完一些具体的事情能够帮助自己安心且有成就感地进入睡眠状态，但是并不是每一件具体事情都可以在睡前做完。因此需要为做不完的事情做一个备选方案。

可以说，前面一个方案提到利用临睡前一段时间把小事做完，但是毕竟时间有限，不可能全部完成。如果有事情确认当天继续做下去会影响睡眠的话，要学会取舍。

第一个问题是：这个事情今天做完和明天做完有没有差别？如果没有差别，那么就放下去睡吧，睡一觉一定会帮你获得更好的灵感和更高的效率。

如果有差别，那就学会问第二个问题：这个事情今天做完全部和做完部分有没有差别？如果没有差别，就安排最多一个小时去做，剩下的部分就留着明天吧。如果有差别，你该想的问题是：自己是偶尔加班还是长期都在加班？

如果是偶尔加班，那么赶紧整理思路，用最好的状态投入工作，可以先整理一下接下来的工作步骤，再投入工作，会更有效果。

如果长期在临睡前两个小时以内还有工作必须要在当天做完，往往意味着你在白天工作时间内的拖延和低效，或者安排你工作的人管理能力存在问题。

这是因为，大多数人的工作都是需要和别人对接的，正常人都下班了，还有一个小团体非要在别人不工作的时间工作。那么意味着他们的产出得到社会反馈的时间是滞后的，这种滞后可能会导致很多工作是白做的。

想明白这些问题，还有不敢放下工作的理由，那么多半就不是工作本身了。可能会是你有一个不擅长管理的老板，可能会是你遭遇着一个低效的团队。改变这种低效就从离开岗位，回去睡觉开始。

在备选方案里，睡前工作清单也是减轻焦虑非常有效的方式。

很多时候我们对焦虑这种情绪的认识仅有一个模糊的概念，但是条分缕析以后，我们可以看到那些会导致焦虑的具体事件，把这些事件写下来，用清单和列表的方式，就可以知道，其实需要自己做的事件并没有自己想象的那么多，是可以很快就完成的。

第三，管理自己的白天作息。

相比晚间临睡前的管理，白天作息正常的满足感才能在更长远的未来帮助到每个人。

我们前面讲过，夜晚睡觉的时间，才是第二天早上的真正开始。

正是这个时间的特殊性和关键性决定了，为了能有质量地睡好，白天有很多工作是可以围绕这件事来做的。

对于大多数人来讲，白天在工作中获得足够的满足感，情绪获得合理的宣泄，对晚上的睡眠会很有帮助。包括我们强调的饮食管理和运动健身，都能对睡眠有可持续性的帮助。

事实上，白天做好一些事情能切实帮助到夜间的睡眠，前提是理解和认识自己，并且对自己的未来有一长远而有效的规划。

但是在进入对自己的理解和对未来的长远规划以前，我们还可以有一些简单有效的方式管理自己的白天作息。

首先，要学会让自己的计划时间和实践时间实现平衡。

想要实现计划时间和实践时间的平衡，有时候并不意味着给自己加压。加很多的任务在自己身上，让自己像上了发条的机械一样去完成每一件事并不是上策，而是应该先学会抓到最关键的任务，并且最先完成。

相比于把所有要做的条目都列出来再分三六九等去完成，我更倾向于去列出一天当中最能固定时间感的任务，先把精力投向于安排这些任务，再去分配精力完成其他任务，会更能帮助自己实现时间的平衡。

譬如说，一天中有固定时间的任务，包括早上上班打卡的时间，这个时间通常是不能拖延的。还有类似于约定好时间的会谈、聚餐，这一类任务的时间相对来说也是固定的。

先在自己的时间表里列上这些固定任务，并且计划好出行的时间以后，再见缝插针把剩下的任务按照时间模块来安排。

这样就更能掌握在时间安排过程中的主动性，不能拖延的任务在规定时间内完成以后，再去做其他的任务。不管是重要的还是必要的，就都能被卡在一块一块的时间段里面。这样做，不能保证你在面临具体任务的时候不会拖延，但是起码可以唤起个人的时间感，明白在某个时间做某件事情。

其次，学会做减法。

对于开始想要实践的人来讲，不要追求把所有任务都加到时间表上，而是学会从中挑出一个任务，并且完成。

我是从每天背单词开始我的梦想生活的，依次发展出了早上五点起床、健身、阅读和写文的习惯。从时间上看，健身每天一个半小时，背单词二十分钟，阅读一个小时，写文两个小时，全部算下来一天需要五个小时的时间。

但是实际上这些任务并没有影响我的生活和工作，我每天依然有时间去工作、去社交并且还能留出时间带孩子。

假如说这些任务从一开始就全部列在我的每日完成清单上，那么可以说一定会压垮我。但是，我从形成背单词习惯开始，一点一点地给自己的任务加码，到两年以后的今天，这些任务的实现就不值一提了。这一过程中的感受就是，做了，我的时间不会变少，不做，我的时间也没有感觉变多。

有一件事让我意识到了习惯的力量。

我一开始是早上六点开始健身的，但是后来去到健身房后，便把健身的时间挪到了工作时间后，那么早上六点的时间就空出来了。光线和习惯让我不太能接受这个时间看书和手写东西，只背单词的话还多出许多时间，于是我把写文章的任务安排在了每天早上六点。

这样理顺了以后，我通常能在送孩子上幼儿园以前把文章都写好发出去，大幅减少了我在健身时觉得还有什么事情没有做完的心理负担。

但是后来有了写书交稿这样的工作，我考虑，是不是能利用一下这段最有效率的时间来做，于是我把写文的时间挪到了下午，写好的文章第二天早上发。

这样做了十天，我就赶紧喊停了，原因在于，我全部的时间感都错乱了，我没有办法在早上静下心去写书稿，随之而来的健身就很敷衍，由于敷衍了健身，精力也有所不济，于是后面的任务都处在用力赶时间的过程中。结果就是每一件事都没有做好，一天过完，却没有成就感。

对于自己着力想要培养的习惯，应该从单一的习惯开始，而且要留有空白，才能去逐渐形成习惯。

最后，学会逼迫自己。

很多让我们焦虑到睡不着觉的任务，并不是由于任务本身的难度和复杂度，而是不敢开始，或者没有坚持多久就结束了。

上面所有的习惯说起来也是用打卡之类的方式逼迫过自己的，背单词最辛苦的时候是一天背接近300个单词，拿着手机坐在床上边困得打盹边背也是常有的事情。

根据健身计划，每天必须完成相应的计划，不然打卡就无效了，还有夜间写文更是长期的磨折，我曾经有过晚上十一点五十九分才把文章发出去的经历。

被时间赶着走很容易失去对自己的信任，会质疑自己的能力，会更加害怕开始。为了不在晚上孩子睡了以后还要爬起来写文，我学会在一大早起来先把文写完。同样是不会受到孩子干扰的时间，我早上起来写文的感受就好了很多，不仅一整天都能处在轻松愉快的心态里，重要的是我不用被时间底线追着跑，弄得自己很焦躁。

这就是，如果想要建立一个长远且有意义的习惯，要先逼迫自己不管几点都必须做完某件事，让自己在这个过程中去理解完成一个任务究竟要付出多少时间和精力，明白了自己要付出的精力以后，就会在预估的时候更有信心。

但是，强迫自己原则上不要付出更多的健康代价，被动的体验是为了给自己追求主动的体验做铺垫，只是手段，不是目的，真正的目的是去追求更健康的生活，并且主动选择更适合自己的生活状态。

3.3 饮食和运动的同步管理

人难免会执迷于自己所习惯的生活模式，当需要做出改变的时候，往往会给自己很多借口而拒绝改变，这个时候有一个详细的管理方案就能帮助人们更轻松地实现健康管理。

我们可以从有一本饮食手账开始自己的健康管理，这是由于饮食本来就是人们最关注的事情，而且可以用最小的精力付出来形成记手账的习惯。

而在形成了记饮食手账以后，继续去记录运动手账，就能用运动来配合饮食习惯，从而实现对身体的健康管理。

这个健康管理的方式，需要饮食和运动同步记录，但是如果因为时间原因，饮食和运动只能先记录一项的话，可以从饮食开始记录。正是由于是太习以为常的事情，做出一点点改变，才会给人更大的幸福感，更容易让人产生"原来生活可以是这样的"的感受。

第一，好的管理始于好的计划。

计划可以说是所有管理中的第一步，一个高质量的计划可以决定一段高质量的管理。

我们经常遇到"中饭吃什么""晚饭吃什么"的问题，可以说很多人为了一日三餐每天要花费大量的时间和精力，对一些人而言，明明是很简单很原始的满足，但是由于自己所花费的精力过多，很容易产生被规则追赶的被动感。

但是换一个角度，站在一段时期的高度上，对一周的饮食进行一个规划，每一样食材的获取都可以有一个提前量，不用临到吃东西时现来安排，不用在吃每一顿饭的时候都陷入"吃什么"的焦虑，这样一来，主动性就大大增强了。

用全局性的视角，我们就可以规划一周的各类营养的具体摄入，还有就是可以给自己规划一个适当的节食的量。

节食是为了给自己的身体留出更多的消化空间，不让自己总是处在过于饱腹的状态，对身体的健康是有利的，也能让自己获得更高的睡眠质量。但是节食过度会严重损害身心的健康，人会处于更加焦虑的状态中，而从一个全局视角来审视自己的每一顿饭，自然就可以安排出哪种量是合理的，哪种量是超过的，哪种量是不足的。在一个长远的时间线里，要根据自己的食量和健康的饮食标准来规划一个合理的饮食量。

饮食规划需要分两类来规划,一类是吃什么,一类是吃多少,也就是安排食物和数量。

这样一个饮食规划手账可以结合自己的社交安排一起来进行,比如若是在某些时候约了朋友、同事吃饭,或者家庭聚会、商务聚餐,这些餐饮里就可以只做量的规划而不做食物内容的规划。

还有一些情况下,我们会根据推荐去品尝某些馋了很久的美食,这需要时间和资讯的双重帮助。很多时候别人推荐了美食,我们转眼就忘了,有一本美食手账,就可以把想吃的美食都记录下来。提前规划好吃什么,尤其是好吃的美食,是可以让自己的一天过得更有幸福感的,而且这种美食计划往往会有最原始的内驱力帮助人去实现,实现美食计划的幸福感会大于其他很多枯燥计划的实现,一个人在吃的事情上幸福了,那么我们生存最基本的动力就找到了。

对饮食有了合理的规划,那么就同样可以站在一个全局的高度上来管理自己的健身计划。

很多人的健身计划几乎等同于没有计划,而同样有很多人的健身计划就是每天只有一个大致的想法,但是没有全局性的规划。

这样的健身方式会导致没有内在动力去进行身体训练,也没有充足的动力去增加新的训练项目。

实际上健身初期对于坚持和尝试是有很高要求的,坚持的目的是让人不断去习惯和稳定健身的习惯,而不断尝试新的训练方法，又有助于人去找到适合自己的方法，从而形成自己稳定的训练节奏和训练量。

正是这样，我建议有想法健身，但是没有实现健身习惯的朋友，去做一个有健身规划的手账。

在做手账的过程中，把自己觉得好看的贴图贴上去，人会对视觉化的事物留下很深的印象。每天看看自己贴图中自己理想的体态形象，也会促使自己更有动力去追求这样的好身材。还可以把一些动作的要领记上，这样也方便自己到了真的去练习的时候有更深刻的印象。

用与饮食计划相同的方式，去规划自己一周的训练内容和训练量，配合上每周大致的饮食习惯，就能更精准地管理自己的健身计划，而在形成健身习惯的过程中，又会因为饮食和健身计划的同步进行而出现显著的效果。

第二，了解自己的饮食习惯和运动习惯。

很多人认为，自己想要变得健康，就应该要改变自己的饮食习惯，去完全遵照一种新的饮食习惯来获取健康。

这种想法是有问题的，人很难改变自己的习惯，并且改变的过程并不轻松，甚至会感到痛苦，这种痛苦会阻碍新习惯的建立，可以说这样破坏性的方式也是没有必要的。

很简单的例子，一个人的饮食习惯不好，健身教练要求他去改变饮食习惯，而他也寄望于通过改变饮食习惯来获得好身体，结果发现自己平时爱吃的所有东西都在戒除范围内。当他发现了完全戒掉这些东西非常困难时，健身教练便用数据、实例和别人的生活例子来鼓励他,这相当于在传递一种信息:你所做的选择是错误的,你的全部想法是和社会格格不入的,你必须改变自己。

但人接收信息时往往会想太多,明明只是饮食习惯的不良,却会严重放大到自己的整个生活、整个过去甚至整个人生。

伴随着这种体验的结果是,他或者去逼迫自己和过去撕扯分离,流下一路血痕,或者对健身教练的建议置之不理。

这两种方式都太极端了。我一直认为,人并不存在真正的改变,或者说,人并没有必要去彻底颠覆,最重要的是去理解自己,正处于什么样的习惯之中。我们都明白"冰冻三尺,非一日之寒",却每次都选择暴力破冰的方法来迅速改变自己。其实没有必要,把节奏放慢,慢慢理解和改变自己,先知道自己的问题在哪里,再慢慢改变。冰冻三尺,拿出比冰冻更久的耐心来化解,一定是能彻底改变的。

了解自己的饮食习惯,应该更加全面具体,具体到你对某类食物的具体情感里面,有多少是来自食物本身,又有多少是来自食物以外的。

这时候有一本健康手账就能够帮助自己建立认知。这个方法我称为"事实——分析——结论"法。

饮食方面,专门针对自己很难控制的饮食问题列出一个专题,在这个专题里,问自己"为什么",并写下相应的答案,有时候问的越多,越容易看出自己隐藏最深的问题,因此我一般建议是问五遍以上。

见到了五个直观的答案以后，基本就能知道主次了，根据自己看到答案的直观感受，再总结一个结论，这个结论里，最好包含一个后面的行动策略，有了行动策略就会更方便在下次遇到同样情况的时候有更快的解决思路。

拿健身者常挂在嘴边的戒糖问题来说，如果有人说你总在摄入高糖食品，你也能理解这样是不好的，但是就是不能控制住自己，那就应该去看看自己的内心，问问自己究竟是为什么如此依赖高糖食品，观察自己的身体，摄入高糖食品的那一刻，自己在想的是什么。

假如认为高糖食品给自己产生了幸福感，那么就去问自己，为什么会认为高糖能产生幸福感？

这样就能分析出，究竟有多少是通过高糖食物产生的幸福感，又有多少是只要吃东西就会产生的幸福感，还有多少是屈服于现实的压力以为吃东西就会产生幸福感。总之，通过问自己为什么，并且写下来，努力去梳理自己对高糖食物的依赖。

在这个过程中，人会把自己对某一食物的身体依赖、情绪依赖和思想依赖分开。思想依赖分开以后，就能去把对事件的关注点转移，从而去把身体依赖和情绪依赖的体验转移、嫁接到别的事情上。

幸福感可以通过吃来获得，但是也可以通过拥抱他人、通过愉快的社交和通过对自己成就感的肯定来获得，把这种情绪从食物中剥离，放到别的事情上，会更有高度地解决自己对吃的依赖。

在这个过程中,发现一个完全不同的自己,把问题逐个攻破,相比生硬地逼迫自己去执行更健康的生活方式,自然就能更轻松地获得内在动力。前期工作做得足够细腻,找到足够多的内在动力,才能在改变自己的路径上走得更轻松,而只有更轻松地前行,才能走得长久。

同理,对待健身也可以去做一个健身日记本,旨在帮助自己认识自己的健身习惯。

很多时候别人的健身规划并不适合自己,强度、力度和时间长度都超出自己的承受力,这样的话,某天努力健身以后,就消耗了自己更长远的健身动力。

当自己懒惰以后,与其责怪自己怎么没有继续去努力健身,不如去分析自己,并且接纳不想健身的自己。很多情况下,不想健身可以说是身体内在发出了警告,那么去理解自己这种懒惰的合理性,理解清楚了再去健身,会更加有动力。

同样还是用"事件——分析——结论"的逻辑来看。

一天懒惰了没有健身,这是事实。

分析起来可能有很多原因,包括身体某些肌肉很酸痛,前一天练得很多,前一天的成就感还在冲击着今天的自己,有点担心今天的健身计划太让自己为难,以及时间不够、没时间健身这类的原因。

如果是肌肉酸痛、头一天练得过多这样的原因,那么就尝试减轻健身的量,用健身的时间来替代健身的量,换一些保持时间感和健身状态的轻量型运动。

如果是时间不够这样的原因,就去尝试做更合理的时间规划,很少存在有真正没时间运动的人,多数的人说没时间运动,都是没找到更合理的动力方式,再加上时间安排不够合理。

解决了内在动力问题以后,时间问题就容易解决了,人会为了自己想做的事情尽量去安排时间。正是在一次又一次实践的过程中,充分理解自己的行事风格,才有了合理的内在动力。理解自己的行事风格,其中就有对自己作息习惯的理解,还有对自己运动强度的理解,每个人都有自己的风格,这个风格独一无二,越透彻地理解,越容易帮助自己在习惯内建立新的习惯。

很多人都只去攻击拖延不好、懒惰不好,每次面临自己拖延的时候,就打一波鸡血去努力实现不拖延、不懒惰。可是很多时候,在这个过程中,我们忽略了拖延的直接原因,没有去解决这个直接的矛盾,结果就是重蹈覆辙。

去细分和积极关注自己的畏难情绪,了解自己的内心想法,可以让我们事半功倍。

第三,用可视化手账来帮助自己。

饮食是可以给人带来幸福感的事情,一顿符合心意的饭可能是这个人价值观的集中体现,因此每个人的幸福食谱其实并不一样,但是很多人并不能直接意识到幸福食谱这件事。

现代人在饮食上花费的时间事实上是减少了,原本可以自己做出符合个人饮食习惯的食物，却由于没有时间而总是搁置。再加上丰富的网络资讯都在推荐人去尝试更多的美食，可是尝试完以后总觉得这个所谓的美食，并没有美到心里，更没有给人带来多大的幸福感。

对于这样的状况，我们可以先去列一个幸福美食的清单。简单一个清单，可以最快了解自己的喜好，为自己建立一个健康又有幸福感的饮食习惯。

这个清单以时间段为界限，分为回忆类美食清单，离家后美食清单，目前日常饮食清单。

回忆类美食清单：

（1）家中长辈偏爱做的美食清单。

人们很难忘记十二岁以前常吃的食物口味，不管好吃还是不好吃，再次吃到都很容易产生幸福感。如果十二岁以后自己的常吃食品产生了巨大的变化，也就是十二岁以后，家中掌勺的换人了，并且有明显的口味变换，这也是值得记录下来的。

一般来讲，这种口味的变换对人的影响是分层次的，十二岁以前喜欢吃的口味往往会对人产生深远的影响，甚至终其一生都改变不了。十二岁以后，即便饮食有了明显的变化，也很难真正产生长远的影响，可能会影响一时，但并不会长久。如果遇到了和自己十二岁以前口味很接近的食物，往往会很容易被吸引。

（2）离家后的饮食清单。

离家后的饮食非常有特点，第一是主动性高了很多，可以选择自己偏爱的食物，但同时又受限于客观条件，也许并没得挑；第二是离家后的饮食通常伴随着环境的变化，环境变化的同时，过去熟悉的食物也变化了；第三是多了很多调整和思考，形成自己喜爱的饮食清单需要一个漫长的过程。

列一个离家以后的饮食清单，可以充分看到自己的环境和生活的深层次变化。而且这段时间里，人因为面对的选择增多，就会逐渐形成较为明显的好恶。有趣的是，这些好恶的背后会有对某些事情或某些人的情绪。

这些情绪也会影响人对事情的看法，先去分辨出来自己的好恶，再去分辨好恶背后的原因，能从一些意想不到的很细微的点去理解自己的想法。

（3）目前的日常饮食清单。

有很多人在生活中找不到幸福感，往往是从在饮食中找不到幸福感开始的。自己当前的饮食规划和过去所经历的饮食习惯相去甚远，在这种状况下，人每天连吃饭都很难获得幸福，更不要谈在更复杂的生活、工作和学习中去寻找幸福了。

列出当前的日常饮食清单，就能比较直观地看到自己最近的饮食和过去的差异，如果差异实在是很大，可以先从调整饮食习惯开始来改变自己的心理状态。

去尽量回归自己很熟悉的家乡味，就算不能在家里做饭，现在一般城市里都有各地美食，去接近自己饮食习惯的地方尝试，可能会有很多地方都做不到原味，但是多尝试一些，总会找到适合自己的。

通过时间段来分类自己的饮食习惯，我建议一个时间段用一页 A4 大小的纸来呈现，这个呈现不一定是一种线性、整齐有逻辑的方式，可以在一个较为放松的状态里，想到什么写什么，甚至可以在饭点之前的一段时间，肚子开始饿的状态有时反而会特别有创造力。这样的写法可以帮助人在写的过程中不断激发新的记忆。

一页纸写完了以后，在每个时间段都圈出对自己影响最大的项目，最后整合的时候就会特别清晰，能够看到那些能配合自己习惯的食物，甚至有很多食物光是看到名字都觉得幸福感满满。

有时候，我们不仅要呈现符合自己生活时间段特点的食物，还要考虑整个家乡的饮食氛围，这个清单对于远离家乡又工作压力很大的人群会非常有用，并且也对我们进一步形成健康饮食习惯有很大的好处。

可以考虑把食物分成几个大类：喜欢类的食物和讨厌类的食物，习惯饮食和非习惯饮食，食材易得的食物和食材不易得的食物。

在此基础上，选出符合习惯又喜欢的饮食，再筛选出相对健康的饮食方式，添加有益的食材，放弃或者逐渐减少无益的食材，一份能给自己幸福感的健康饮食清单就形成了。

长期这样筛选自己的饮食清单，让我比较容易做出"吃什么"的决定，就算不是在家里用餐，不是自己做，我也会有健康又合适的美食清单。

过去我很害怕帮别人决定去哪里、吃什么的问题，后来发现，其实大多数人对吃什么并没有很多规划，如果我能帮大家做决定，会让大多数人都很开心，只要基本是好吃的，很少人会由于被做决定而不开心。

于是我有一幅美食"地图"，与其说是"地图"，不如说是一个美食清单，起因是一次偶然机会，我需要给我从外地来旅行的朋友推荐美食。我所在的地方美食本来就多，身处省会城市更是有各种类型的美食，各地最有特色的美食都能在当地找到，而给外地的朋友介绍美食，当然不能仅考虑地段优越、环境美好的地方，有时候非常有特色的小馆子也应该能包含在内。但是这些小馆子可能会由于不太好找或者环境很差被否决掉，这就需要给朋友呈现充分的理由。

于是我给朋友列了个清单，借用excel表格，我写出了饭店的名字、地址、吃什么这些基本信息，之后写上了口味类型、适合的饮食习惯这些偏主观的内容。之后是和点餐相关的内容，包括最推荐的餐点，接着就是列上了饭店菜品的分量，这样方便朋友点菜时决定点多少，或者说可以决定一下适合几个人吃。后面就是友情提醒的部分，包括服务评价。有些饭店就是生意很好，老板为人很清高，得提醒朋友怎么去和老板交流。最后是写上我的推荐理由，包括我去吃的频率，我对饭店卫生状况和餐饮的评价，这就可以让朋友决定是自己去吃还是请别人吃。

列出这个美食清单以后，我发现这样梳理自己喜欢的饭店是有益的。很多时候我们总说对一个饭店很喜欢，或者很不喜欢，可是说出来的理由又是很感性的理由。有一些网红美食，看起来口碑极好，可是去一次便不会再想去吃，即使吃十次也不会有一次打动自己，这种时候就需要告诉自己，根本不是自己挑剔的原因，而是这家饭店有某些客观的理由，决定了它让人产生了"不喜欢"的感性认识。

当然也有可能会有一些细节店家做得非常感人，包括我观察过有家小餐馆，每三个月全部筷子重新换一遍，这种店就算不是很喜欢它的口味，但是也会因为细节做得好而在众多选项中占着靠前的位置。

后面我就会时常用清单的形式来写我去过的餐厅，人对饮食的偏爱会随时有变化，有时候是随着心境变化的，因此我们对饮食的目标可以定为阶段性的目标，而不是固定长远的目标，这样也方便随时调整我们自己的心态。

每个人的健身计划其实也是可控的，我们可以把健身计划依据不同的难度和种类进行分类。一般来讲，我们常见的健身类型包括有氧长跑、无氧肌肉训练和拉伸放松类的训练，这些训练是可以穿插进行的，时间够的时候是可以全部叠加在一起训练的。

我通常会把我的健身计划和当天的饮食规划来结合考虑，如果当天的时间比较充裕，吃的又规划到了高热量的食物，那么我就会进行肌肉训练以后，再加上有氧长跑，最后安排拉伸放松类型的训练。

假如说正好遇到身体不适的时间，我就会全部安排拉伸放松类的训练，保证健身的安全以后，再结合比较清淡营养的饮食计划，来让身心恢复到舒适的状态。一般来讲，我也会给这个特别的时间安排更多的休息，减少身体压力带来的心理压力。

之所以要给这些小事做规划，正是因为这些小事实在是太小了，对这些每天都必须要面对的生活项目，提前有规划就不用每天都去重新思考、重新计划，也是实现更好生活的一条路径。

前段时间特别流行"小确幸"的概念，但这个概念出现了没多久，就被一众媒体诟病为是个软弱又以自我为中心的概念。我也尝试了一段时间，但是我发现被动的"小确幸"，的确有可能发现生活的美感，却不能让我去建立感恩的心，往往会伴随有一种侥幸感，甚至会有愧疚感。但是，主动去追求有确定幸福感的事情，包括去吃到了自己很想吃的美食，这样的"小确幸"就显得更加可控。

如果我喜欢一家饭店，每天都去同一家吃，就算前面吃的时候有"小确幸"的感觉，但是难免就腻了。如果在我做完了大多数工作以后再去某个非常喜欢的饭店吃饭，可能成就感和美好的感觉就不单是美食带来的了，还包括对自己的肯定。

被动去发现生活的美好，和主动追求生活的美好，有很大的差别，带来的效果也必然是不一样的。

三、用手账管理情绪

1. 理解情绪才能控制情绪

　　国人是最容易接受"压抑情绪"这一概念的人，凡是能让自己当下不暴露情绪的方法，都会被热捧，大家总对自己的情绪有种误解，觉得自己的情绪还压得不够，还可以更好地实现情绪控制。

　　但是，不知道自己对某件事情的真实情绪，同样也很难去理解别人的真实情绪，换位思考的基础，其实还是了解自己。

　　大多数人只知道发脾气不好，悲伤不好，这些让自己难过又让别人不开心的情绪都被归类为了负面情绪，可是我的实践经验告诉我,你感受到被负面情绪包裹,只是因为你没有足够重视它,没有正确排解它。

并且仅仅是注意这类情绪还不够,还应该把这些情绪宣泄充足,最终把这个情绪给破除。

之所以说是破除,是因为除了要对情绪有充分的体验,还要给情绪找到一个能落到实处的行为宣泄口,这一点的具体操作方式,我会在后面的手账部分具体讲到。

情绪是没有对错的,情绪最多算是个中性词,很多人认为人的情绪出现了问题,只是因为某些情绪没有在恰当时机适度发出来。

我们说负面情绪,说成是带来负面影响的情绪会更合适。

情绪的形成要早于逻辑能力的形成,我们在能充分理解一件事的内在逻辑之前,是靠着情绪去指导我们的行为和生活的。

以一个人的成长过程来讲,我们形成皮质脑的时间是从三岁左右开始的,到二十岁都不一定能彻底形成,在一个人还是小婴儿的阶段,要怎么表达自己以及怎么听明白别人表达的内容?就是通过情绪了。

我们对事件的理解,可能会随着年龄的增加而发生变化,年龄和受教育程度都会影响我们对同一件事的理解,也就是很多人会发现随着年龄的增加,我们会变得更世故,这就是我们的逻辑能力慢慢形成的过程。

但是情绪陪伴我们的时间是比逻辑要长的,在安稳活下来以后，我们就开始用情绪来表达自己的想法了，一个婴儿最常用的表达方式就是哭闹，唯有在哭闹的时候，能引起身边人对自己面临的生存危机的重视。

情绪只是一个工具而已，在面临生死存亡的关键时，并不存在好坏。成年人不会去指责一个婴儿的哭闹，因为成年人很清楚，指责也没有用，而且也唯有通过婴儿的哭闹，成年人才会知道一个婴儿可能在经历什么。

但是到了自己的身上，成年人却失去了对情绪的警觉。成年人习惯于把自己对情绪的基本理解都抛诸脑后，一律采取压制的方法，寄希望于通过抑制情绪来达到一个优雅和美的状态。

这样做能在短期里快速取得平静的效果，但是长期来看，这样压抑的方式只是把情绪暂时藏起来，并没有从根本上理解清楚情绪，结果就是再次遇到类似的情境时，人又会陷入几乎相同的情绪里。更糟糕的结果是，多次用同一种方式来简单处理原本应该很复杂的情绪，到某一个点上，情绪也会爆发出来，而且情绪的重复方式类似于输入函数，输入了某个数字，一定会取得某个特定的结果。

作为一直奋战在第一线的咨询师，我总会在咨询的时候做一件简单的事情，就是把每个人的言谈都用特定的方式记录下来，等到收集的信息足够多的时候，就会发现一条明显的线索，这个线索指向一个人特定的行为模式。因此，往往在一两个小时的交谈之后，我只需要用十多分钟的时间，就能把具体的模式给整理出来，而这个模式，又会在持续的几次咨询中继续完善，直到来访者深刻清楚这种行为模式，并且接纳和改善之。

人的行为模式会从亲密关系一直扩散到亲友关系，到同事关系，到普通的社交关系，而且往往是被情绪指导着往前走的。

所以认识自己的情绪非常重要，不要去压抑情绪，让其在该爆发的时候爆发，才能帮助每个人更深刻地理解自己的行为，继而理解自己。

譬如一个有着讨好型人格的人，你可能会看到他在处理与同事关系的时候，会选择明显的讨好策略，但是处理自己的亲密关系时，比如至交好友、爱人或者家人时，反而会很激进，甚至会得罪人。

这种差别看起来很大，其实理顺了就并不大了：处理同事的关系时，他会委屈自己去容忍别人对自己底线的入侵，但是对待更加亲密的关系时，他们会自然地认为，我已经忍让成这样了，你为什么不退一步？

这些讨好行为的背后，支撑着这些选择的，可能是"不配"的感觉，总觉得自己配不上别人的好，这可能是自卑心作祟。但这背后还有一种情绪，就是恐惧，有可能是对直面沟通和矛盾的恐惧感，害怕自己说出自己的真实感受以后，会遭遇很可怕的后果。

其实我们只要在一开始就选择正确理解自己的情绪，包括喜、怒、哀、惧，理解这些情绪出现的时间点，出现的原因，那就不会一次又一次地在同一个地方掉入同一个坑里。

想要从理解情绪到控制自己的情绪，我们需要一步一步去做。

1.1 理解情绪的具体作用

高兴的时候，我们会嘴角上扬，心情舒畅，感觉全世界都对自己温柔以待。高兴除了是一个人的生活顺遂的表象之一，也可以说是对当下某个行为的一种情绪奖励。

早期，人类能生存下来的环境是很险恶的，可能一个身处恶劣环境的人，早上不在太阳升起前出去打猎，给一家老小提供生活必须，那么他自己的家人就无法生存下来。成功完成一件具体事情的成年人，除了获得必要的物质所需以外，还会产生开心、高兴和幸福的情绪，就和婴儿在母亲怀里吃饱喝足睡够时的原初情绪一样，受到这个情绪的鼓舞，下次再面临危险和痛苦时，这个最终可能会产生的幸福感，就会成为激励人的良药。

在现代生活中，高兴的感觉也是值得保留的，作为一种情绪奖励，在你完成了重要项目的时候，兴奋大笑、引吭高歌都是正常的情绪，而且还应该把这种兴奋的感觉保留下来，这样才能在自己下次遇到项目艰难期的时候，通过激发这种曾经的兴奋情绪来度过。

同样，愤怒的情绪对生存也是至关重要的。

在愤怒的时候，人的肾上腺素激增，例如在一场可能的关于食物的争夺战中，拥有愤怒力量的人，也许会迅速做出重要闪避且还能打出关键一击，保护好全族的利益，而那些没有及时调动激烈情绪来保护自己的人，难以获得必要的食物资源，甚至连保护自己的能力都没有。

因此，愤怒是一个关于保护自己边界的能力，当自己的边界被侵犯的时候，正常情况下，愤怒应该是第一个冒起来的情绪。

但是现在，在大众普遍认知里，愤怒好像成了一种罪，人人唯恐避之不及。其实不是的，愤怒的情绪一定是在感觉自己受到侵犯的时候才会产生，只有发在不适当时机的愤怒才是罪。如果能恰当发出来的愤怒，不仅会帮助发脾气的人树立自我底线和边界，而且大多数情况下也会成为关系的促进剂。因为在发脾气的时候，人会暴露自己，自我暴露程度正是和别人接触亲密度的一个指标，亲密的关系正是建立在一定程度的自我暴露基础上的。

哀伤是同理心的展现，会理解别人难过的人，给人的感觉更有烟火气，往往也是一个值得托付的人。懂得哀伤的人往往心思更敏感，而且不会有很强的攻击性，也会显得很包容。因此在社群中，哀伤这种情绪很容易激起共鸣，展现哀伤不仅是融入群体的基础，而且会哀伤的人不会被当作异类看待，在特定时候不去哀伤的人，不管是有什么理由，都会让人忍不住去认为他缺乏人性,而不去深交。

哀伤里面还会包含着追悔的情绪,后悔是种更加强烈的情绪表达,会指导和帮助人们做更多的事去防止有可能的意外发生,这其实也是人类在艰难的生存环境中所磨炼出来的必要情绪。

就实际生活中来看,为失去的事物哀伤,正是去珍惜当下的开端。断舍离之所以能激起人们的心理共鸣,正是因为人们在主动失去以后,会用哀伤的情绪去发现,所有曾经拥有的美好都是迟早会失去的,所有的失去都是在警示对当下的珍惜。

恐惧是人类原始情绪中,直接起到警醒和保护作用的。对事件的恐惧之情,能影响一个人做的决策。如果一个人对黑暗有敬畏和恐惧之情,就不会总在深夜黑灯瞎火的时间出去溜达玩耍,只有麻痹了这个原本该有的敏感神经的人,才会放纵自己的选择。

恐惧可以说是我们现在所有"负面"的情绪里,被压抑得比较少的一种情绪。有很多媒体和商家在努力利用人对未来或者对一定概率发生的事情的恐惧心理来取利,人们在别处被压抑的情绪在此处被放大了,表现为明显的焦虑和担忧。

任何情绪一旦被调用起来,人的决策就会迅速陷入不理性的旋涡里。理智在情绪面前的作用是很弱小的,从三脑合一的理论我们也可以看到,影响情绪的哺乳脑的形成时间远早于影响逻辑判断的皮质脑。

以上就是情绪的作用,大多数人其实没有理解情绪的真实作用,只是希望能忽视情绪。

但是商家并不这样想,高明的商家从来都不会鼓吹产品的优秀,他们都是调用情绪来营销的。

在现在这样的商业社会里,商家一方面用泛滥的微笑营销方式来鼓吹商品效果,特意营造选择了该商品能得到快乐和幸福的氛围;另一方面却用能造成恐惧的未来可能性来打击消费者的痛点来增加成交量。

长时间沉浸在这样低劣的情绪环境中,人就会质疑自己,"为什么别人快乐而我没有?""为什么其他人都能保持快乐,我却不能?",以及"为什么别人的生活看起来那么完美,而我的未来看起来一片迷茫?"。

这些自我怀疑除了让商家增加了销量以外,也让整个社会进入了特别焦虑的状态。每个人都会很担心自己赚的钱不够,当没钱的时候,说自己手上有十万元就会很幸福了,结果到了一百万元的时候,还是认为这点钱根本不够,根本算不上有钱,钱包鼓胀的速度永远赶不上欲望膨胀的速度。

人企图用消费来减少焦虑,却在消费以后,面临更严重的焦虑。

每一种情绪都有具体的作用,但是却因为各种原因,情绪被压抑了下来,对愤怒这种情绪更是进行铺面而来的全方位的打压。

但是大多数人都没有意识到,情绪就像一个古老时钟的钟摆,如果希望一个钟摆摆动起来,那么必须要看其高点在哪里，如果把欢喜幸福这样的情绪看成钟摆的一端，把愤怒悲伤看成钟摆的另一端的话，你希望充分获得欢喜幸福的愉悦感，就要让愤怒悲伤这类感情出现的时候得到充分的理解和尊重。

1.2 学会正确宣泄情绪

你不可能遇到一个真正所谓性格很好的人。

一个处处对人都很好，性格温和、完全不暴躁、从来不吵架骂人的人，可能只是选择在大多数人面前是这样而已，他一定会有一个发泄自己情绪的出口。

有的人把这个出口设置得私密一些，有的人则会把自己身边亲密的人变成这个宣泄口。

亲人很容易无辜成为负面情绪的宣泄口。

于是我们会看到，明明是夫妻之间有矛盾，最终拿孩子撒气的家长；或者是在工作中，受到领导和同事排挤，结果到家说自己爱人没感情的夫妻。

现在大多数心理学理论都认为，单纯的发泄情绪并不能带来长远的好处，愤怒的发泄之后是更加愤怒，悲伤的发泄之后是更加悲伤，人的情绪当然不能简单发泄掉。

从时间和发展的角度来讲，情绪的积累是有起点的，人是在一次又一次的事件之后才学会调节情绪的，并不是一开始就对一个事件有明确的情绪。

也就是说，假设一件事的发生激起了一个人强烈的情绪，那么针对这件事，这个人可能这次能压制产生的情绪，但是，下一次再遇到同样的事情，或者突然进入同样的情境里时，情绪记忆就会起来了，上一次对情绪的看法会在这时候爆发出来，甚至会升级，情绪会在此时反应得更激烈一些。

如果第二次采取的措施还是简单的忽略和压抑，再遇到第三次、第四次同样情况的时候，情绪会在那一瞬间变得更加强烈。其实这也是一个对情绪的学习过程，更强烈的情绪也是为了提醒产生情绪的人，此刻应该要察觉到危险了，不然可能会威胁生命。如果每次都选择压抑自己的当时产生的情绪，那么情绪只能从别的地方"漏"出来。

就好像每次都在愤怒的时候选择压抑自己，那么可能这个人遭遇了原本应该是哀伤或者恐惧的情绪时，会反应过于剧烈，而朝着不停追悔或者过分担忧将来的方向去了。不停追悔是抑郁情绪，过分担忧是焦虑情绪。

想要发泄掉我们积累的负面情绪，得回头看看情绪的成因。

我们学到的第一个情绪一定是在原生家庭里，因为只有父母才会一直对孩子去重复和强化同一件事，也只有在这样的亲密关系里，才有机会去暴露和寄托更多的情绪。

一个幼儿，出于好奇去尝试和触摸很多的新鲜物品，如果母亲的态度是宽容又保护的，那么这个孩子在未来将会对尝试和探索新事物充满自信心，会对生活更有目标感。

如果母亲或者监护人每次看到孩子开始尝试一件新鲜事的

时候，就跳起来用愤怒的表情和语气说，"不行""不可以"，完全不顾及孩子怎么去思考的，也不管孩子会玩到什么程度，那么孩子很有可能会怀疑自己，进而逃避新鲜事物，对主动做事抱有强烈的负面情绪。事实上，成年以后对事件的情绪，都是这样早早就根植在每个人的幼年时期的，对每一件事，大家的反应和态度完全不同，因为每个人的原生家庭不一样，当时的监护人对待孩子的方式就是不一样的。

父母对孩子产生情绪时的反馈，也会直接决定一个人成年以后，对自己的情绪的认知。

从原生家庭的角度看，想要发泄掉这么久远的情绪累积，几乎是很难了。因此我对情绪的态度是接纳一部分，还会去除一部分。

先看接纳的部分。

接纳是因为，我们从小就是用这样的方式成长的，成年以后想要改变是非常难的。

我常说，强势的父母会养出强势的孩子。那是因为，强势的父母，假设其做事情的方式是充满攻击性的，基本不转弯的，这样的情况下，孩子虽然可能是被攻击的对象，但也会模仿这样的行为模式。

在孩子弱小的时候无力反抗，或者说在没有施展自己机会的时候，孩子只能采用一种貌似怯懦的行为方式，但是就连怯懦的行为往往也是简单直接的。一旦孩子成长了，有主控权了，行事方式往往和自己的父母相像，因为在性格形成的关键时期，他只能学到这个方式。

对于这部分性情，只能努力去选择接纳，往往这部分性情已经成长为自己人格的一部分了，想完全剥离是很难的，当然也是没有必要的。最好的方法是去理解，理解的方法是去回忆那些让自己印象深刻的事件。

这些事件之所以印象深刻，背后一般都会有情绪支撑。去看看支撑自己的情绪是什么，通过这个方法，我们很容易看到自己的情绪底色，很多时候这个情绪底色会被稳定地触发。

例如急躁的人，总会在同一类情境下急躁起来。看到一个人在用恶毒的语言攻击他人，会发现，他总是在同一类情境下才会开骂，这其实就是每个人对情绪的记忆不一样，被触发起来的情况也不会相同。

能发现自己不一样的情绪底色，就能在会触发自己情绪的环境下提前给自己一个预警，寻找到一个合理的策略，避免真的发生超出自己控制的事情。

再看该直接把情绪发回去的部分。

有一部分的负面情绪是难以接纳的，其形成本来就远超自己的价值观之外，不在自己的成长经历里，可能是来自别人的一次莫名的迁怒，或者别人一时而起的情绪。

照理说如果只是偶然发生的事件产生的愤怒情绪，可能当时会很气，但过不了多久就会忘记的。可以说，这类负面情绪都不在自己的认识范围内，有时候人看到别人发脾气，可是在理解别人发脾气的点时会出现严重的偏差。原因在于，这部分负面情绪会最快速度地勾起过去很不好的情绪体验。

譬如说，被领导一顿批评，心里非常难过的背后，是曾经被妈妈或者老师的一顿无故冤枉的情绪，在那个时间被翻出来了，而陷入了过去的情绪轮回。

也就是说，人生气的，并不一定是当下，甚至理顺以后会发现，根本都不是当时领导批评自己的一件事，甚至连领导批评自己的原因都还没有想清楚就开始生气了。

对这类情绪，最好的方法，莫过于很快发泄回去。

很快发泄回去不等于以牙还牙，而是理顺了逻辑以后，知道气是怎么来的，然后了解到自己生气的点，用更合理的方式还回去。

方式有很多种，有时候可以是愤怒的，有时候可以是缓和的，达到发泄的效果就可以了。

对这类情绪有三种非常好的发泄方式。

第一种是直接发回去。

路上遇到陌生人找你吵架，他大概率是在发泄情绪，因为你和他无冤无仇，萍水相逢，实在没有渊源来理解他的情绪。这种情况，在不吃亏又很安全的情况下，想吵就吵一吵，不想吵就报警，不要被这种情绪牵着鼻子走。

既没有吵，也没有报警，而且自己还输了的情况，也不用压抑自己，说明自己还没有达到无敌的状态。遇到这种情况，我会选择写手账，稍微复盘一下发生了什么事情，重新理解一下当时每个人的状态，再发展一条可以不用吵架也能解决争端的路线。

第二种是理解清楚别人情绪的根源，调整好自己的情绪。

这个方法比单纯的吵架可以说是高了一个等级，意味着你不仅能识别别人的情绪，还能理解对方生气的点。

大多数时候，别人生气的点，不一定会和他发泄的对象有关系。

更多时候，其实生气者本人也还没有理解清楚自己为什么会就某件事情产生非常强烈的情绪，有机会的话帮助对方点出来，会获得更多的认同。

用一个例子可能容易说清楚这个情况。

我就有遇到过一次，我随口提了一句微商，一同吃饭的朋友就喋喋不休一直在讲微商的不好，而且是咬牙切齿、发着脾气讲的，弄得场面很尴尬。

如果纠缠他发脾气这件事，就会很难收场，很多人在这种时候会觉得对方的脾气是对自己的不满，继而是对自己的脾气。

但是我问他是不是买过微商的产品，他就开始抱怨当时买的微商产品所带来的问题。这就明显了，并不是我提到微商让他愤怒，而是他曾在微商那里受过骗，所以他只要听到了微商就不开心。

这样一个询问，我避免了把战火往我自己身上引，同时又进一步帮对方澄清了他的观点，我也就不会被他的情绪所牵动。

人对事件的理解是有一个过程的，在自己还很小的时候，就会认为所有的事情都和自己有关系。当人慢慢成长了以后，就该学会从这种关联中走出来，尽量去发现很多事情和自己并没有关系，于是会好受很多。

第三种方式是，定期写下所有可能积压的情绪。

写手账是最快能发泄情绪的方法，如果觉得自己遭遇了很糟糕的情绪事件，可以尝试去把事件和当时的想法写下来。

写的过程中，又会重新理顺一遍思路，会发现其实有很多事情并不值得去追究，就会慢慢放下心里的纠结。

而且写得多，会慢慢把过去很多东西都写下来，这样就不会由于过去情绪的积压，在遇到新的情绪事件的时候被点燃。

1.3 避免用情绪控制情绪

理解了情绪，知道每个情绪的作用，也知道释放负面情绪的方法，才谈得上控制情绪。

我们想要实现控制情绪的结果，但是往往不能实现，就是因为在我们的心中情绪来源实在太多，而这些情绪没有实现很好的释放。

更高效控制情绪的方法，实际上是把所知的所有情绪进行分类整合，再合理释放这些情绪。这样在面临新的情绪的时候，就能更清楚情绪的源头，激发情绪的对象和情绪将会导致的结果，每次都只抓一两个情绪来发泄，自然就能更适当地拿捏好这个情绪了。

我们每天要产生很多的情绪，可以说，每个人都是一个情绪复合体，在情绪中会看得出我们的性格。

很多时候，我们解决不良情绪的方法都太简单粗暴了，经常通过情绪来替代或者控制情绪。这意味着，如果一个人遭遇了不开心的情况，他会努力告诉自己要开心。

但是这个过程中，其实人还是会很受伤的，因为开心替代不开心只是一时的，而所有不开心的情绪，既然存在了，没有从根源上理顺，就很可能一直存在下去。

不管长到多大，我们永远都忘不了在非常小的时候所感知到的第一个情绪，可见用这个方法来控制情绪有多无力。

而且如果只会用这个方法来控制情绪，我们就永远都在积压情绪垃圾，也能轻易被别人的一点点行为点燃。

有些情绪表现为有直接攻击性，比如愤怒，有时候是伴随攻击行为的。但还有一些情绪，类似抑郁、焦虑等的情绪，表现起来往往非常隐蔽，而且这些情绪也会突然爆发。

正是由于我们很容易被情绪干扰，而且负面情绪也很容易突然爆发，因此要学会避免用情绪来控制情绪。

你在遭遇重大悲伤的时候，强行让自己开心笑起来，这是很难做到的。更深一层，情绪控制情绪是有害身心的。

我时常遇到强行积极的人，认为自己应该对工作积极、生活积极，应该选择无视生活中的悲伤，不去处理自己的不开心。

这个结果是，他实际上只是逃避去面对不开心这件事，但是这些情绪还是存在的。

有的人多年麻痹自己的情绪，结果是把自己的生活关系给处理糟糕了。对亲人来讲，你的不开心，不去直面和处理，那么很可能就要由亲人来承担你的负面情绪了。

最后，情绪也很容易从别的地方"漏"出来。

原本只是一个被领导批评了略带委屈的情绪，自己强行开心，让这个情绪压抑过去，可是到了夜深人静的时候，便委屈得睡不着觉。

须知，人才是引发情绪和矛盾的主体。你的开心不开心，只会因人而起，一般来说，遇到强烈调动情绪的事情，一定也是和人有关的。这种情绪事件在学生时代的爆发会和老师同学有关，在工作场合就会更复杂，同事、上级和客户，都有可能会引发情绪。

这个时候，人会有三种策略，一是努力去和对方对抗，对抗到自己赢了再开始关注工作，二是尽力屏蔽对方的信息，三是等情绪过了再来处理工作。

三种都是很好的办法，但又分别都会带来后果。

和对方抗争，争到对方同意自己的观点。但你无法保证不在这个过程中被对方反说服，更重要的是，这个过程会浪费很多的时间和精力，以至于项目推进很困难。

抗争不过，很多人就选择屏蔽对方的信息，因为人有权利用不沟通来保护自己，可是，有时候对方输送来的有用信息可能也都一并被屏蔽了。这种屏蔽的风险还在于,并不单是你把对方屏蔽掉,而且对方也会慢慢把你屏蔽掉。

等情绪过了再来处理工作也是一个好方法,而且也会有很多人选择这个方法,但是怎么处理情绪呢?一般情况还是用情绪来对抗情绪,此时好了,长久就会模糊情绪在各类事情中的作用,不会积极调用情绪来帮助自己处理问题。

有一些人总是用这样的方式来处理自己的工作问题和人际关系。起初还好,但是随着时间推移,这样的方式就会越来越不适用,甚至带来更多的情绪问题,几年下来,会发现事情越处理越复杂,问题越解释越多,人际关系也是理不清头绪,不能搞清楚别人为什么喜欢自己,或者为什么讨厌自己。

这些只是心里想的问题,还有很多表现出来的身体状况,包括睡眠受到影响,总是精力不济,无法集中注意力,以及很容易和别人起冲突。

如果一个情绪的引发,是因为别人,结果到了自己这里,需要调用自己的情绪去消化和控制情绪,岂不是很无力?因为我们没有直接解决根源。

这种情况下,只要遇到同样的情况,人还是会立马崩溃。这就是我们不要用情绪来控制情绪的原因。

那怎么更好地控制情绪呢?

在前面提到的宣泄情绪的基础上,我们应该学会去建立一个方式,在发生了引发情绪事件的当时,避免用过于情绪化的方式去思考问题。

可以参考的方法有两个步骤。

第一个步骤非常速效，即在发生事件时，去专注事件本身。

如果发生一件事，就意味着这件事是有起因、经过和结果的。专注事件本身，能帮助人去认真理解与事情有关系的大多数细节，也就能同时忽略掉在事件中其他人的因素，或者说，是用一种更全局的眼光来看待事件的发展。

从观看事件的视角，我们就会更清楚每个人在事件中所发挥的作用。

可能在遇到棘手事件的时候，同事或者朋友说了什么很刺激神经的话，但是从全局的角度看，你一定能理解到他所在的立场。去跳出人际和情绪的圈子，关注事实，就能更清晰全面地认识到一个人说话做事背后的逻辑。

事件是最客观的。在事件中，时间、地点、起因和结果，不管事件中的人怎么去描述事情，不管每个人站在什么样的立场来见证事件的发展，但最终总有一个特定的发展方向，这就是事件的客观性。

很多人并不能理解这种客观性，总会去想，如果当初没有怎么样，那么结果会不会怎么样，或者说，如果这件事没有遇到这个人，会不会情况有本质变化。

这太高估人的作用了。

实际上，从来没有一件事是随着人的变化而变化的，一定先有客观的经济因素，后有客观的思想因素，最终汇成了一个特定的结果。

第二步骤是从解决问题的角度,理清事件的脉络。

既然事件是客观的,那么就应该学会理清事件的逻辑。人产生负面情绪是有一个过程的,特别是成年人,由于受过很多教育,并且经历也很多,并不那么容易会被一点就爆。

很多脾气并不是我们看到的引起脾气那个人的错,而是有更深的积压。理清事件脉络,首先要学会把事件的起始和结果罗列出来,细节越清晰越好,因为我们总会在细节中发现问题,也因为细节而被治愈。

写下来的好处在于,不用在脑子里承受思维和情绪的干扰,方便更好地面对整个事件。

其次,在起因和结果之间,找到适合的逻辑线索。有时候我们看得到起因,直接就跳到了结果,中间的线索理解却很困难,需要去细分。

最后,延伸一些解决方案。

人会产生情绪的时间点,总是自己无能为力的时候,可是,如果解决方案本来就在自己手上,就会更加轻松地去应对生活。

我遇到过有位妈妈跟我抱怨,她说她很爱自己的孩子,也不愿意对孩子发脾气,可是总忍不住在孩子吃饭衣服被弄脏的时候爆发,甚至对别的更可能生气的事情,她反应是平淡的,这让她自己很难过。

我问她,是不是她的妈妈在她小时候也对她有同样的指责？

她说是的。

这样就比较好理解了，这就是一种积压的情绪记忆，这个情绪有很深远的基因。正是因为在她小的时候她的妈妈也是这样去指责她把衣服弄脏的，甚至很有可能她妈妈指责了她很多事，但是这件事是对她伤害最深、影响最大的，所以她的记忆最深。

于是在她自己的孩子也把衣服弄脏时，她就会一下进入过去的情绪旋涡。

重新去理顺事件的逻辑的话，起因是她看到孩子吃饭弄脏衣服，结果是她发脾气了，这件事中涉及的人就是两个，她和她孩子。

中间经历的内容就是她对孩子弄脏衣服这件事的理解。是遗传自己妈妈的脾气吗？还是她个人有对形象保持整洁的极高要求？

如果换个角度，看明白这是种传承，并且也想改变她妈妈给她的负面情绪，那是否就能停止这种传承？

如果是她对形象保持整洁有极高要求，连孩子也不可以弄脏衣服，那么是不是能多给孩子带件衣服，或者围脖？

再有，孩子吃饭，总有很高的概率要弄脏衣服，如果弄脏了衣服，能不能接受孩子穿看起来很脏的衣服回家？

如果不能，就可以去理解一下，穿脏衣服回家有什么大不了的？又有几个孩子可以一直保持干净整洁？

这样看，其实能改变情绪的钥匙就都在自己手上捏着了。

如果以这个脉络来理顺事件会发现，其实她发脾气和孩子做错事并没有本质上的联系。她是那个小时候没有被安抚好的孩子，又把怨气撒给了自己的孩子而已。

这样看来就会明白，苛责别人付出的代价比改变自己的代价大太多了。

学会用这样的理解方案，我们能很轻易地辨识出问题所在，从而减少对别人的苛责，也就顺便减少了自己面对问题时候，由于对未来的不确定和无能掌控的感觉而带来的脾气。

这两个步骤可以方便一个人把注意力放在事件上。而去努力理顺事件，并解决和发展事件，才是最良性的治愈情绪的方式。

2. 更有意义的情绪日常

情绪之所以需要关注，是因为每时每刻我们都在产生情绪，而且也在每时每刻积累情绪。

多数时候，人是没有能力直接去化解情绪的，而情绪的积累又一次次带来了更多的问题。

我之所以提倡更有意义的情绪日常，是希望从更有意义的角度来观看自己的情绪，每一件事都在引发情绪，喜怒哀乐都在时刻影响着人的感受。

我们只注意到开心是好事,但是如果只追求简单的乐趣,很快人就会体验到更为深刻的焦虑和抑郁。

这不仅是大家在遭遇好事时偶尔会产生的失措感,那种担心自己何德何能遇到如此好事的感觉,更重要的是,简单的、感官的乐趣追求完以后,人往往会更加忧虑自己为什么能这么轻松获得快乐,继而产生更无助的情绪体验。

把情绪看作一件有意义的事,先知道自己遭遇了什么情绪,以此为基础,去重新回溯事件,会发现事件中刺激到自己情绪的点,再去关注这个点,从而让自己对情绪更有控制力。

我们是可以和情绪和平共处的,积极认识情绪是生命中必不可少的一部分。在生活中时时理解情绪,并及时疏解自己的情绪,甚至让情绪成为我们行动的动力,才是更为合理的方案。

2.1 积极识别情绪

我们会忽略情绪,往往是因为情绪起来的那一瞬间,我们不知道那是什么。

情绪起来的一瞬间,会感觉一股乱流涌出,冲上了头顶,人会在那一瞬间,同时感受到愤怒、悲伤、激动和失落等各种东西,随之而来的,才是更为具体的事件。

就好像,我们会在又一个加班却没有明确结果的夜晚,同时想到自己的孤独和无助,如果这种时候还伴随经济压力的话,就会更加难受。

情绪上来以后，就会想起更多的引发同样"难受"的事件，继而就把坏情绪和一次又一次的加班联系在了一起。

多来几次这样的加班，情绪就会复杂化和模糊化，直到一想到要加班，情绪先上来了，一开始就极为反感。但是，多数人没有注意到，你是可以反感加班的，却应该更留意在加班过程中你真正反感的是什么？如果不清楚自己真正反感的是什么，就无法规避加班带来的恶劣情绪体验，而不规避这种情绪体验，就自然很难把事情高效做好，最终还是会陷入更加低效加班的结果里。

反过来说，我们对事件是可以没有情绪的，而对事件的负面情绪的产生，往往是由于在每一次事件处理过程中不好的体验累积起来了，导致对整个事件都产生了负面情绪，而这种情绪是多项交杂的，需要去细分出每种情绪的具体来源，才会更加成功地去剥离开事件和情绪的直接联系。

因此，在面临情绪事件的时候，积极识别情绪，可以说是破除消极情绪最重要的一件事。

在突发的事件面前，做到临危不乱，还能镇定自如的人，多数是成功识别了情绪。想要积极识别情绪，其实也是有办法的。

第一，记住问自己，我现在体验到的是什么情绪？

我们极容易被某一类人，或者某一类事情，一点就爆，而且那一瞬间的爆发，无关事情的正确与错误，无关处在事情中的人的各方面立场。

在情绪爆炸的时候，会模糊对事情的判断力，而且情绪会刺激人做出快速反应。这种应急机制,方便人在极致状态下做出快速反应,也是用情绪去推动身体做出更利于发展的反馈。

但是,在现代更多的场合都是人和人交往的场合,在野外遭遇生死存亡危机的概率相对是很少的,在人际交往的过程中,反应速度越快,越容易害自己进入更为被动的状态。

所以,感受到心跳加速的时候,不妨稍微打断一下,问问自己,我现在是遭遇了什么情绪?

第二,细分自己的情绪。

在一瞬间情绪起来的时候,通常是很多很复杂情绪集合,而每个人由于性格不同、成长环境不同,不同情绪所占的比例又是不一样的。

有的人是愤怒和急躁的情绪占多数,有的人是悲伤和压抑的情绪占主导,这样的不同情绪引发的结果也会很不一样。但有一点,情绪起来的时候,人就会把对事件内容的关注转移到对事件中人的关注上,从而影响对事情的理解,容易乱中出错。

很多时候,我们在情绪起来时所体验的情绪,并不来自当下的事件,往往是过去很多有根可循的事件,一件一件累积而成的。

也就是说,人的愤怒,往往不是当下的愤怒,人的悲伤,也往往不是当下的悲伤。

你很难见到一个五岁以内的孩子为一个过世的人难过,因为他还无法理解"死"是什么。只有当孩子一次又一次体验到失去,以及失去心爱之物以后再也得不到的那种情绪以后,他才会去记忆"死亡"意味着"悲伤"。

学会细分情绪,对人是极有好处的,把一大块模糊的情绪细分成一点一点可以识别的情绪,就意味着自己的情绪弱点在渐渐减少。

第三,理解情绪诞生的源头。

人从知道情绪和理解情绪,到根据情绪产生行为是有一个漫长过程的。

有的人生气了摔东西,或者来一场暴力行动,有的人生气了就扭头走开冷暴力别人,这种差别来自长期以来在家庭和环境中的习得。

一个孩子,在小的时候,常被愤怒、生气的父母揍,那么他在处理自己愤怒情绪的时候,就很容易产生暴力行为。

一个孩子,如果发现父母在生气的时候,扭头就走开了,留下无助的自己,他就很容易学到这种冷暴力的方式来对待他人。

这种情绪习得的过程很漫长,并且也是在不断练习和使用中习得的。到成年了,往往就会慢慢淡忘中间习得的过程,变成一个直接的行动,生气了或者砸东西,或者扭头就走。

但是现实生活中触发情绪的方式又更为复杂,而且每个情绪的组成也比较复杂,往往情绪上来了以后,还没反应过来,行动都已经做出来了。

因此,我们要反思和理解情绪诞生的源头。

这听起来是个大工程,但实际上却又不那么难做,闭上眼睛一秒,我们就能轻松想起自己幼年、童年和青少年时期所经历的最为重大的情绪事件。

多几次分析以后,我们就能轻松得出凡遇某事必产生某种结果的结论。在得到这种综合结论的基础上,重新理解情绪的习得过程,也重新规划未来的行动策略,就能更好地帮助自己建立不轻易受情绪干扰的行为模式。

2.2 接纳自己的情绪

很多人在发生了事情以后,第一反应就是:我怎么会有这样的表现,我当时怎么会有这么不理智的行为,如果我能控制住自己就好了,我能忍住不发脾气就好了。

面对不理智行为造成了实际后果的情况,还是需要先改善对情绪的认知,再改变行为。

想要接纳情绪,最基本的就是告诉自己,我所做的一切都是合理的。

很多人会自然想到,认为自己做的错事是合理的,这有什么困难,甚至这种认识并不具有意义啊,这难道不是在纵容自己的坏行为吗?

有这种担心是对的,但认识自己做错事,到纵容自己继续作恶之间,还有很远的距离。

认可自己行为合理性的背后,需要的是,承认这是一个有争议的行为,或者说错误的行为,这就需要很大的勇气了。

大多数人在幼儿时期做了错事以后都会受到惩罚,而惩罚的程度,又基于家庭环境的不同而有所不同。有的家庭异常严厉,有的家庭又比较放松。

这导致了很多成年人因为害怕承担后果而干脆拒绝承认错误。

拒绝的方式,就是否认所遭遇的一切,否认自己的一切行为,否认自己。拒绝承认不当行为并不是坏事,可是需要拒绝得足够彻底。很多人是拒绝到一半,拒绝接受问题是自己造成的,又要在心里暗暗后怕再次发生同样的问题,这就导致总会对未来过多焦虑而更加逃避问题。

实际上,承认所有行为的合理性,是一种有连续性的思维方式,包含着三层逻辑:第一,承认的确在某个场合,受情绪的影响,做出了不当行为;第二,做出这个行为,是由于受到了过去经历的影响,当时直觉认为必须这样做才合适;第三,承认还有更有余地且更符合大众认知的方式,并在未来用这种方式去处理所有问题。

这样去认可自己,是为了尽力避免为过去所发生的事情后悔。沉浸在对过去某个时间段所发生事件的追忆中,人会无法向前看,并且对已经发生的事情的无能为力,会直接影响到对现实的执行能力。人在这种追忆中是没有成长和进步的,那不如直接认为自己是对的,再去面对未来。

除了理解自己所有情绪和行为的合理性,还需要去看看自己是否还对曾经形成这个情绪的原因耿耿于怀。

前面说过,人对情绪是一个学习的过程,很多时候,学习的过程就是造成创伤的过程。人会逃避面对造成创伤的事情，每次去面对都面临极大的伤感和痛苦，在一些人的眼里，把痛苦放在一个角落，再也不去碰是一个非常好的方式。

不可否认这是一种非常好的自我保护方式，人用这种方式能感受到安全感。但是，这样隐藏起自己受过的伤害，就很难去思考现在是否仍然对当时的情境记忆犹新，也很难去发现自己是否还在受到同类型的情绪压榨。

我们很难避免的一个事实是，我们的行为会引导我们一而再，再而三地陷入同一种困境，而且促使我们不停走进这个困境的思维方式都是一样的。但是很多人不会在每次都进入同一种困境的时候去思考，我怎么了，我怎么想的，为什么我又遇到了这个情况，只是会想，大概命该如此，我总是别无选择。

无视走过的路程，就不会在每一步中得到经验。

由此可见，逃避能保护我们一时，并不能一直保护我们，那还不如放下心防，去看看自己的心，到底是怎么去认识某些问题的。

用一种接纳自己的方式，我们会发现，原本以为的困境其实并不是那么难，仅仅需要转变一点点认知，就可以离开过去的旋涡。

2.3 有策略地让情绪成为动力

我的一位朋友，他的原生家庭经济条件不好，在他的成长时期留下了深重的阴影，以至于他自己走上社会以后，一直处于自卑的心态中。

后来一段时间，他了解到了这种自卑感是配合了觉得社会不公平的愤怒感一起的，于是他把愤怒变成了自己努力的动力。

如今，他的事业做得很好，而在事业不断成就的过程中，他也慢慢接纳了自己，理解了自己的愤怒。他仍然是个会愤怒的人，却不怎么发脾气了，和愤怒共处的时间，让他得到了事业，也理解和接纳了自己，活成了一个有色彩的人。

这可以说是情绪动力里比较深入的方法，明白自己的情绪底色以后，利用好这个情绪底色来激励自己成长。

愤怒的人可能会成长得更有攻击性，温和有爱的人，可能成长得更加包容。

这也是说，情绪是有能量的，不管是单一的情绪，还是很多情绪的杂合，都能帮助人在特定的场合去做成一些事情。

如果我们暂时找不到自己的情绪底色，也不一定是件坏事，其实日常中，很多小的事情是可以利用情绪来成就的。

面对拖延症等行动问题的时候，我就更提倡用情绪作为动力去对抗行为矛盾。

人的行动是需要预热的，尤其是所需要做的事情类型转换比较多的时候，更需要提前做好心理准备。

这种预热的工作，可以减少大量浪费拖磨的时间，做起事情的时候就不会那么艰难。

在学生时代我们会面临几门功课一起复习的情况，复习的科目越多，越容易感觉自己面临的状况很艰辛，开始复习的时候就越难。

工作场景中，会出现拖延的情况，多半就是在工作类型转变特别大的时候，产生了极大的落差，会在这个过程中产生拖延。譬如说原本天天坐在电脑前码字的人，面临要出外勤销售产品的情况，或者，原本是对着电脑记账的人，突然面临要写领导发言的讲稿时，这种工作内核都变了的情况，除非本性就非常喜欢后者，正常人都会被各种焦虑情绪所淹没，继而产生一定程度的拖延。

我每天所面临的任务就会有很大的变化，有大量的时间需要陪孩子，带孩子完成她的学习任务。在孩子上幼儿园，或者有人管的情况下，我需要以最快速度进入写作的状态，写作间隙需要找时间处理日常生活的琐事，还需要安排时间学习不同的内容，有时候还会有咨询工作，需要去和别人交流。

我比较容易面临拖延问题的时间点，就是在我做完咨询以后，要进入工作和学习状态的时候，或者是我刚安排了几天写作和学习的工作，就接到了要打乱我节奏的咨询工作的时候。

前者会导致我后面一两个小时都在磨蹭，无法进入状态，后者会导致我暂时忽略回复客人的消息，这两种结果都容易产生拖延。

针对这种情况，我除了会要求自己每天都写好计划，安排好时间以外，还会不停地去提前想象处理某件事的场景。

这个过程中,对我帮助最大的,莫过于提前去想象在做某个工作时的情绪。

每种工作都会伴随一些情绪,写作的时候难免伴随着担心写不出来的焦虑和烦躁,但是只要想到自己写作时间自信和激情,就会刺激我赶快去完成工作。

同样,面对打断我节奏的预约,有时候是很沮丧。但是,想到能帮助到更多人的初心,想到每次咨询完之后,坐在我对面的客人,心情释然,对自己的成长、情绪和所处环境有了一个系统的认识以后,我心中所生出的愉悦感,足以让我瞬间就进入想要去了解客人的状态。

于是,我时常会在发现自己有点拖延的时候,去想象工作带给我的新鲜刺激的感觉,接下来就能迅速进入一个更积极的状态。

我会直面自己对于一件事情的负面情绪,因为只有直面,才会清楚这件事情究竟造成了何种程度的影响,我的焦虑和纠结究竟耽误了我多少时间。在这种情况下,才有机会在恰当的时间止损,停止进一步的焦虑和纠结。

当然,我也不介意把工作时的负面情绪也一起想象进来,因为负面的部分也真实存在,但我会更重视积极的情绪,正面情绪和负面情绪相互刺激,会促使我有更好的表现,从而让积极的情绪更有张力。

实践中,这个度不太好把握,很多人一开始的时候会被负面情绪给吓退,然后就会进入更为纠结的场景中,是继续被吓退还是激励一下自己去做事。其实不用那么复杂，如果发现自己看到一件事都是负面因素和负面情绪，这些负面、消极的内容也是同样能刺激人的。情绪不是导致一个人前进或退缩的决定原因，想法和认知才会，找到自己能接受的激励情绪，慢慢就会找到激励自己的情绪节奏。

我个人是会被积极情绪所带动的，想到完成一件事的成就感和满足感，那么中途所经历的烦恼和焦虑，只会让我做得更好。

情绪想象这件事，如果能有专门的时间在安静的空间想象，自然会有很好的效果。但每天要思考抽出固定时间来做这件事，反而会很花费精力。

我一般会在手账本上安排一天任务的时候，就会先去想象一下做事情的场景和相应的情绪，这样到了特定的时间段，就会更积极去面对了。

当然，如果是临时出现的事件，我可能会在自己稍微休息的几分钟里去想象下一个任务中能激励自己的情绪。实际上，能辨识清楚自己的情绪点，很容易就可以在几秒钟的想象中，充满对未来的渴望。

可是，我也会非常注意给自己的情绪留白，这意味着，就算是很积极的情绪刺激，也不要太随意去动用这种情绪力量，只在一整天事情中，很重要的那部分事情前，我才会去想象能激励我做事的情绪。而生活中，很多事情只是看起来重要，实际上没有那么重要，完全不用让自己时刻鸡血满满。

举个简单的例子，我看完一本书以后，就会在一段时间内很难静下心来看下一本新的书，或者说，就算开始看了，也会敷衍。上一本书的内容还在头脑中留有印象挥之不去，这样在看新书开头的一部分就会很难进入状态。

于是我会纵容自己，这段时间就不看书了吧，就保留一片空白来咀嚼前面看过的书所带来的感受。

每段时间都排满并不是合理的安排，人需要随时给自己留白。过去说，一天 24 小时，8 小时睡觉，8 小时工作，还有 8 小时应该能用于成长自己，这个理论我看了很多年，信了很多年，后来发现，多的 8 小时是该留白的，只有留有足够的空间，才有足够的精力来更好的工作和生活，调整生活的方向。

生活，并不需要全部排满。

3. 建立情绪手账

我时常和人强调手账的重要性，也不止一次说要去建立一个情绪手账，深挖自己的情绪事件，以此来减少情绪在日常生活中对自己的实际干扰。

但是说归说，很多人在做的时候又会觉得麻烦，或者做到一半不知道该如何继续下去。

本节就是讲一些实际的操作方案，来帮助大家建立一本好的情绪手账。

3.1 情绪手账写什么

我们建立一本情绪手账是想要实现三个目标：挖掘过去的情绪事件、理解和分析情绪事件的成因、得出一个新的解决方案。

这三者的关系是层层递进的，而最终的目的也就是得到一个新的解决方案，以此来改变以后对同类事件的认知和处理方式。

哲学家说，太阳每天都是新的。可是，人并不是新的，人的认知也不是新的，而是经年累月积攒下来的。这样的认知总会在一定的时间引发矛盾，但是，我们也不能说更新就更新，不把过去的不合理的思维方式全部丢弃，直接去安一整套新的体系在自己身上，这样做的后果往往是新旧体系之间不断的争斗和消耗。

实际上，新是以旧为基础的，我们需要去寻找过去的处事逻辑和处事脉络，这个过程，并不是全盘抛弃，而是有策略地理解和学习新的方案。

我一直建议大家去写情绪事件，这个过程本身也是对自己认知的反馈和更新的过程。事情写得越细，越能理解处在事件中每一个个体的真实状况和心态想法。

很多人担心被人深挖出自己的过去，这个担心是值得肯定的。但是如果你建立一个情绪手账以后，你所有写的事情，都是自己写自己看，甚至都不用让第三方知道，写完就扔也是安全的，可以避免更多的麻烦。

为了避免理论过于抽象，先讲一个我个人在拒绝这件事上的遭遇和反思。

过去我是一个非常不会拒绝的人，明明自己非常忙，却在别人请求我帮忙的时候，无法开口拒绝。

原本，帮助别人，在我心里是非常愉快的事情，可是因为自己没有办法处理完自己的事情，需要帮忙的事还不是随手就能解决的，所以，无法拒绝别人有时就会给我造成困难。

后来，和所有不会拒绝的人一样，我也终于在不拒绝别人这件事上受到了挫折。我终于帮别人帮到超出自己的能力范围，帮不了了，我不得不提出了拒绝，结果是引发了对方极大的不满。遭到对方埋怨时，我有点疑惑，也有点不开心，但是因为当时太忙了，我没仔细看，后来复盘了整个过程，我才发现，我真正感受到的情绪是愤怒。

在我心里，对方冒犯了我，对方真的因为我的拒绝而不满，多年来正是由于害怕其不满而没有拒绝过对方的要求，到最后，真的帮不了了，对方还是直白地表达了自己的不满。

这件事我气了非常久，直到有一天和朋友聊天时发现，表达不满的这位并不会在所有人面前都表达不满，而且别人可以在对方表达了不满以后，底气十足地质疑对方凭什么不满，我却受限于自己的整个认知模式，没有考虑过自己其实是可以更有主动权的。

这件事一度让我非常重视，经过调整以后，我的情绪很鲜明，也都是能及时解决的，及时放下的。愤怒、生气是我的情绪底色，但是这一次的生气却有种非常新鲜的体验，我在这个愤怒的过程中，有一种无助，而且是仅对这一个人的无助感，这也算是长期的折磨最后习得了这种情绪体验。

由于我并不会拒绝人，在因为拒绝而遭遇别人不满后，我起初所抱有的感情是很卑微的，我心里想的是很对不起对方，我的拒绝给对方造成了麻烦。

后来发现自己真实情绪是生气以后，我便觉得是对方不理解自己，帮了很多次忙，拒绝一次还要被这样说。

直到和朋友谈话以后我才想到，我的拒绝并不是给对方造成了麻烦，我的拒绝只能让他去找更厉害的人来帮他，不用依赖我，他同样能办好需要办的事情。

这样一想，我发现，拒绝其实并不难做到，是可以去挖掘更深刻的根源的。

这件事我写在了手账本上，去分析自己，为什么无法拒绝别人？

第一，我过高估计了自己在别人心中的重要性，我认为别人请我帮忙，就是没有办法了，所以我有必要认真帮别人的忙。

第二，我担心拒绝可能会带来冲突。

第三，我对每一段交情都很重视。

第四，我很热心要去帮助更多的人。

第五，我父母也会在一些为难的事情上不选择反抗和拒绝。

很多人会简单认为不拒绝的行为是存有一种讨好之心，我承认在我的不拒绝里也会有对别人的讨好，可是仅仅总结为讨好，告诉自己不要去讨好，并不能改变我的后续行为。

当我看到自己不拒绝的五个原因以后，便发现我心里一直认为的，父母不拒绝，给我提供了不拒绝的范本，其实只能说是一个起点。他们的不拒绝有他们自己的性格成因，这种成因并不在我身上存在，父母其实给了我很多的呵护，我不缺爱，深层次讲，也不需要去讨好谁。

我很热心去帮助别人，这种热心可以说是支撑我做所有事情的起点，想到能给人帮助，内心是非常愉快的，这也是我不拒绝帮助别人的初心。

这件事并不会影响我帮助别人的初心，反倒让我反思，要给别人更好的帮助，应该是更有格局地去看待整个事件。很多事情并非要亲力亲为才是帮助，给一个方法并监督实行，也同样是很好的帮助。

高估自己的重要性这件事是存在的，而且不仅在拒绝类的事情上高估，在所有事情上都高估。也是因为这种高估，所以我相当愿意尽力去做好所有的事，这也是我的责任心。

而对交情很重视，也是我的一贯特点，人有见面之情，就算是让我体验不好的朋友，我也会留三分余地，不会立即断绝交往。我不认为多即是好，但我也不认可宁缺毋滥。

于是只剩下了一点，就是我对冲突的认识。我不怕冲突，可是我认为冲突应该是大家都拉开阵势敌对的状态。可是，有交情的人，并不能算在敌对阵营里，而且我的拒绝引致对方埋怨，埋怨又没有到敌对状态。

分析到了这里，我都不怪对方对自己的不理解了，我甚至认为对方缺乏更友好的博弈策略，才会用对我抱怨的方式，希望能刺激我进一步答应他的请求，这种想法很孩子气，并且只会让我明白，一开始就拒绝才是正途。

前面的方式，是从事件认知到事件分析的过程，有点漫长，却要最终引向一个方向，那就是结论，以及未来的行事策略。

之所以要导向行事策略，就是在有指导性的策略当中，人会对未来的发展更加把握，避免进入毫无头绪的状态。

而我在这件事上得出的行事策略就是：第一，情绪失控会发生在自己缺乏认知和成功处理的经验的时候；第二，既然开始了一次拒绝，就做好会拒绝一百次的准备，完全不用在意对方在这个过程中的反馈。

情绪手账写的内容可以有很多，可以写对过去事件的认知和挖掘，也可以写对现在的事件的认知和感想。

我每天都写手账，情绪手账基本就是主要的组成部分，生活中要经历太多事件，有的事情很开心，有的事情很难过，不管是哪种事情，我都会写下来。过于成功开心的事情，听起来很好，也是大家所追求的，可是实际生活中，也会一直拨动着心弦，让自己很不安宁，对这一类事我会尽快写下来，让心情平复。

我一直认为人需要对过去情绪印象很深刻的事件进行书写和反思，让自己对现实中引起情绪波动的事件有更深刻的认识。但事实上，我自己对这类事写得并不多，一方面是让我印象极深的过去事件并不算很多，另一方面是，我写得很勤快，所以每件事在发生的时候，我基本已经写下来了，并且还是带着对过去的反思一起写的，这样就保证了我不会积累过多杂念在心里。

也就是说，不知道写什么，就随意去写，生活中现实发生的事和过去发生的事，都值得写，以帮助自己更好地去认知自己，处理情绪。

3.2 情绪手账怎么写

写情绪手账需要先调整格式，过去学生写作文，都是一板一眼写得很整齐，而到了写手账的时候，应该要学会改变这种状态。

这其实也是写手账需要留白的意义，过于拥挤的格式会影响观看的感受，更重要的是，太过拥挤的格式，会在写的过程中，没法用发散性的方式来分析问题。

这就说到我们思考问题的方式，大多数人思考问题都是用发散性的思维来思考的，看到一个点，就会发散出来很多的小点和细节,而这些小点,又会再引发更多的小点。之后,某些小点间也会产生连接,如果版图够大的话,我们能看到网格状的思维过程。

手账是为了还原我们的思维方式,在一张确定大小的纸上,排版出我们所经历的事件。而这个叙述过程,必然会引发更多的联想,留白的地方可以画重点、列分支,形成新的思路,等全部写好以后,再来反观自己对一件事的梳理,会形成一种奇妙的新认识。

这就是我们需要用手写的原因,如果是在手机上打字,文字所呈现的状态往往是一整个段落的,尽管很整齐,可是信息不是以大脑习惯的方式来呈现的,最终会影响我们对内容的理解,甚至很多时候连再看一下的耐心都没有。

写的时候,以信息块来区分内容。

进行过一段时间的尝试以后,大家都会发现,其实自己写的东西,不管形式再散乱,基本都是一件事一个信息块。我咨询过程中都会去记录别人说的话,发现这个记录的过程其实很有意思,逻辑感越强的人,信息块越完整,信息区域所占的面积也越大;而逻辑感稍弱的人,记在一页纸上,会呈现出星星点点的状态,每一块信息点之间的关联会变少,但是还是基本能理顺。

形成信息块式的记录,并不需要太刻意,只需要注意不要一页翻过来,从左顶着写到右就可以,不要把一句话写得过长,眼睛在扫视的时候会有很大的工作量。

再复杂的事件，8到10个字换一行会是比较好的选择。一个段落描述完，换下一个段落，段落和段落之间多空两行，会让信息更方便阅读。

说到底，这样的格式要求，都是为方便阅读而来的，每个人的阅读习惯又不太一样，尽量以自己一眼能看明白的方式来安排就好。

除了调整格式，初次来写还需要注意的是排版。

我个人会认为A5笔记本是比较标准的选择，因为一个A5笔记本展开来，正好是A4纸的大小。

这种尺寸的好处在于，折叠起来，放在任何一个包里都不会显得很大导致携带麻烦，而展开来，A4纸页又足够写，足够发挥。

在翻开来的一页里，我会竖着等距离分成三栏，左边第一栏里，我会写上关于事件所有的细节，想到什么写什么，暂时不能形成系统也不要紧，只要全部写下来就可以了。

在中间一栏，是写对左边一栏里写到的事件的分析，事件之所以造成让人印象深刻的后果，一定是与个人认知有差距，对这些差距就可以问为什么。通常对每一个为什么，都要去努力找五个以上的原因。有人会疑惑，这样找太多原因，会不会相当于是在给自己找借口？

其实不用有这样的担心，很多时候就怕人连借口都找不到，遇到尴尬难过的事情，连接纳自己的机会都没有，不管是什么样的原因，只要能写下来，就不会超过自己的认知范围。

这个方法我也推荐过给很多人，有时候去复盘别人找到的原因，就会和我所帮他找到的原因有很大的不同。多数人在一开始找原因的时候会过于关注自己，给自己特别多负面的定性，其实并不需要这样去做。

每个人对问题的认知会带有自己的个人特色，所以说，记录事件的过程中，能一边改善自己的认知，一边治愈自己。有很多人对正在经历的事件出现了认知问题，可能实际上来自自己过去的积压，写多了才能放下过去的积压。

写得足够多了就会更客观地看到，在事件中每一个人都有自己的角色，承担着不一样的作用。事件的发展，并不是靠一个人的力量推进的，一定是有很多因素来共同促成的。

右边最后一栏也非常重要，这一栏是对前面所有内容的高度总结，总结的精要在于，形成一个思路来应对将来同一类的事件。

在前面写完第一栏的事件以后，对事件有了一个新的复盘，很可能在写的过程中察觉到了很多当时并没有察觉到的细节，而中间一栏，对事件进行了原因分析以后，再一次更深入地挖掘了事件。在右边一栏里写下的内容，是可以问自己一个问题来写的：如果再遇到同样的事情我该怎么办？

多数时候我们形成一种情绪，并且不断积压，是因为实际上我们没有一个合理的出口，而且很担心再次发生这种事。

当然，事件不会原模原样重新发生一遍，可是内核经常是一样的。

我不会拒绝，于是总在拒绝别人这个问题上，一而再，再而三地遭遇到各种问题。写完很多让我气愤的事件以后，我会发现，对我个人而言，起因都是自己一开始的不拒绝，并且很多事情其实自己已经知道发展下去结果不好，还是答应下来，被动接受，结果自然不好。

这样一来我就知道，我需要克服的，仅仅是自己害怕拒绝别人的心态，一旦学会拒绝了，很多事情都会向着好的方向去发展。

3.3 用情绪手账找到情绪突破口

想要走出负面情绪，最好的办法是形成面对同类情绪问题时专注事情而不是被情绪牵着走，得到一个现实可操作的方案，以后再面临同类问题时，有可以借鉴的办法。

手账正可以做到慢慢改善对事件的认知，从而得到一条明确的自我救赎之路。

但是这是一个漫长的过程，只有随时去做，对大多数事情都会用手账的方式去记录一遍，才能做到在每件事情上都保持一个清醒的状态。

我记了很多年的情绪手账，终于不再被单一事件或某个人的情绪所控制，即使是面对棘手的事情，也会有更冷静的判断，用逻辑和线索来看待事件的发展，会比用情绪来观看更清晰明确。

人在工作场景中的人际关系，最重要的就是学会去抛开情绪因素，仅以事实和结果来看待整个事件。但是，很多人在工作场合又无法做到这件事，也就导致人际关系上的矛盾，甚至可能对个人事业、发展造成不好的影响。

有一个事例就很能表明，工作场合有敏锐的判断力，是需要抛开个人情绪因素的。

小成是公司的中层，被交付对一个项目进行跟进。在一个比较松散的员工会议上，公司员工们窃窃私语讨论最近小成跟进的项目进度的情况，结果被同是公司管理层，但没有实权的一位张领导听到了。

这位张领导对公司只有宣传任务，实质性的事情基本没有涉足，他先提出了自己掌握的情况，以此为依据，请小成汇报预算，并且汇报事件进度。

小成汇报了一些并不是很重要的点，没有达到张领导的要求。张领导当时让他细化汇报，可是小成以之前汇报过为由，没有继续详细汇报，这位张领导就直接指出了此事的风险。

小成当场就翻脸了，说此事没有一丁点风险，做就行了，甚至指责领导对细节没有研究，调查信息的来源不可靠。最终，到大领导发话的时候，张领导笑眯眯闭嘴了。

此事最终谁也没有指责小成，张领导也没有发话，大领导也没有怪罪小成，反而大领导还当着众人的面，暗暗说了张领导两句，表明其说话不够体面，没给下属成长空间，不给下属留面儿。

项目推进的担子最终还是落在小成身上，结果事情往下做越做越难，越推进越棘手。因为事实上项目的推进是涉及公司员工实际利益的事，做得好是小成在领导们帮助下做得好，做不好，就是小成一个人的能力问题，会得罪全公司。

小成最终也因为此事，弄得无颜面见公司同事，不得不离开公司。

这时候再去反思会议上那场腥风血雨，小成才发现，自己当场没有细细思考心态就崩了，让他错失了一次得到更多支持的机会。

这件事上，小成面对领导的质疑为什么心态不对？

一、因为小成是有上进心的员工。

二、因为小成认为领导质疑他的工作就等同于质疑他的能力。

三、因为小成太希望在全公司所有人面前有好的表现。

四、因为小成本身自视甚高。

五、因为张领导并非实权直属领导。

这样看，对小成而言，他非常担心领导质疑自己的能力，从而影响其在公司的生存。

那么为什么张领导要在员工会议上质疑小成的工作呢？

一、为了让风险共知，让所有员工知道这并不是凭谁的努力就能达成的。

二、确实很想知道事件的推进情况，也必须让所有人都清楚这个事。

三、用手账管理情绪

三、张领导确实很在意事件的发展情况,也想了解小成的运作能力。

四、张领导没有考虑到小成并不能承受这样的质疑。

五、事件推进实际是很难的,张领导想让小成明白中间的不易。

从小成的角度看,他确实有一万个理由在员工大会上去和张领导起冲突,这样做能够证明自己的实力。

但是,从领导角度看,小成的行为就不够成熟理智了。这是由于,张领导站的高度决定了他必须要考虑所有人的想法,把别人的顾虑一起说出来。

小成太过于看重自己的面子,而完全没有去专注在事件上,和领导一起把风险利弊说清楚,从而避免后期麻烦。他只是在张领导开始质疑的时候,便据理力争,而没去思考领导话中深意。

当然,有人会像小成这样和领导起争执,可也有很多情况是,有人会顾及领导的权威,而不当场表态。在职场,并不是靠一味逞强或者一味示弱做好事情的,还是能准确认知自己所处的位置,去做好该做的事情,之后才有个人性格和情绪的表达。

如果小成不被自己的情绪带着跑,不要想着只要一个好的表现,而不去顾虑风险的话,这个场合下,小成最好的做法应该是立即反馈他所知道的困难,配合领导告诉所有员工,这事情有很大风险,情况良好的话,还可以为自己争取到更多的做事时间。

要说小成怕被质疑,遭遇问题就立即反驳的心态,很多人都有,起因可能来自已经追溯不到的过去。这是一种保护机制,让自己免遭别人的言论伤害。

但是如果细问每个人为什么急于反驳,又会发现,大多数人对于别人的质疑,心态是不同的,更多的人是表现为拒绝接纳自己,也就成了周身都长满刺的人。实际上是,盲目保护自己,反而会让自己暴露在危险的境地。

放下情绪偏见,所要做的就是去建立原因和结果之间的连接,以方便对事件整体性的判断。

我们可以通过写手账的方式来梳理思绪,以避免遇事被情绪牵扯而产生过于主观的判断,导致实际上解决不了问题。

通过写情绪手账的方式,我们可以重塑自己对事件的认知,从而形成一种新的认知方式。每写一次情绪手账,都是在重新回顾细节,重新看一遍现场状况,而分析的时候,也是在慢慢输出对事件的认知。经常进行梳理就会在改善认知的同时,改变面对事情的态度,继而就不会再用过去的方式来处理问题,其实也就是在改变结果。

但是,改变行为模式这件事,仍然是长期实践的结果,一次两次改了认知,结果还是按照原来的方式做下去的也有很多。给自己耐心,做错一次再返回来研究为什么没有改掉,就能引发更多问题,继而有更深刻的治愈机会。

三、用手账管理情绪

四、用手账管理社交

1. 我们无处不在的社交

设想一下，假如你可以获得一个总体不设限的假期，这个假期会把你送到一个风景优美的岛上。在岛上，你可以住到一座梦寐以求的别墅里，你可以选择一切你想要的设施，有享用不尽的美食，有丰富的娱乐项目，如果你有爱好，那么还能在这里充分发挥你的爱好，唯独有一个条件，就是你完全不能和任何人联系，在这一个假期里，不能使用包括但不限于电话、信息和视频等方式联系任何人，你会如何度过这个假期？

不可否认，现代社会快节奏且无边界的工作模式，让人时刻都想逃离到这样的一座岛上,享受一个完美的、只有一个人的假期,但是,并不是每个人都能像自己所想象的那样忍受孤独。

的确有人把志愿者放入了由集装箱搭建的十多平方米的空间里,只能带为数不多的生活用品,可以看电视,可以在任何时间主动终止实验,外界可以观察他们,确有必要的时候可以和他们做简单交流,但是志愿者本人不能和外界的人有任何联系,原本实验设置是为期一周。

每个人都认为自己能够通过这个看起来很短期的考验,有人做好了昏天黑地睡觉的准备,有人精确地记录了时间,制订了健身计划表,有人带上了喜爱的书籍准备阅读,结果是没有人撑到一周,很多人最后都是以崩溃的状态出来了。

大家对这个结论也表达了不理解,毕竟我们很容易以为自己非常需要一段没有社交的时间让自己得到好的休息,可是就算我们离开了自己日常的社交圈,也无法离开有人的环境。而且出去玩一场,多数人还是会选择把最精彩的旅行瞬间分享出来,我们需要得到同类的肯定,也需要得到更多人对自己的认同。

1.1 社交有多重要

不断有人陈述被社交伤害的事实,但是多数人又不能彻底选择只有自己一个人的生活,这样的状况促使越来越多的人去质疑自己为什么要去社交。有时候被人伤害，就难免质疑自己为什么要去受这样的气。

可是，事实是，社交真的很重要，周围一片都是打压的社交环境会令人不自信，但那只能说明一部分问题。有时糟糕的社交环境中，反而会更好地认识自己且成就自己的事业，一句简单的话就是：你的社交在成就你个人。

首先，社交可以帮助人平衡脑中世界和现实世界。

人类靠着社会属性发展到了今天，如果失去这个社会属性，人会很孤独、没有安全感，容易陷入紧张不适的艰难局面。

而我看来，社交非常重要是由于人需要通过社交来平衡现实世界和头脑中的小世界。

过分追求脑中的世界，不去关注现实世界的客观发展，很容易衍生出怀疑一切的主观唯心思想，会怀疑世界存在的真实性。

关于这个，唯心主义哲学家的讨论范围并不单是我们所知世界以外是什么这样的问题。有一个基本论调是，我们所身处的世界是否是真实存在的，如果我们原本仅仅是一颗泡在营养液里的大脑，所有的感官体验全由给大脑输入的信号来模拟怎么办？如何证明人是真实存在的？

能产生这样的问题，一般人就会认为，哲学家就是思维异于常人的疯子。也许这些问题有意义，但是并不在每个常人的思考范围内，这是只在头脑中不停向内思索的必然结果。

因此，对普通人而言，都需要去平衡脑中体验和现实体验，这个途径就是和人产生交互。

其次，社交最终还是会投射一个人的内心。

千人千面，每个人理解问题的角度不一样，看待问题的方式不一样，这些差异全来自内心，因此对事件的真实看法，可以看做人内心的投射。

很多人过于担忧一些事情造成的实际影响，他们会问自己：如果我保持现在这个状态，别人会怎么看我？越这样想，就越担心去和别人交流，而越担心社交中会发生的事情，就越会逃避那些阻碍自己的问题，最后导致社交状态不佳，自己真正想做的事情也做不下去的状态。

对于这样的担忧，解决方法还是去投身社交。

当和你交流的人足够多的时候，你就能看到每个人看起来是就事论事，但实际只是抓到某一个自己关注的点来讲问题，并不是真的关心事件的走向。

最有意思的莫过于，我们无法照搬别人提供的建议和方法，往往会碰一鼻子灰。不管别人怎么劝说你他的方法是有效的，是如何一步一步让他成功的，这些方法换个人用，往往就会遭遇失败。失败的原因就在于，我们可能看到这个人用某个简单的方法就解决了某个棘手的难题，但是可能在问题变得很棘手以前，他就已经用自己的方式阻止了问题的恶化。

在社交中就有这样的事例，某些性格强势、行为方式很有攻击性的人，在还没发生实质性问题以前，别人就已经在努力绕道走，不会把这个强势的人惹到反击的份儿上。但是会有一些看起来就很好欺负的人，旁人就是忍不住把所有事压给这些人，在欺负他们的时候，根本不会考虑适当性问题，也不会考虑欺负的后果。这些弱势人开始反击的时候，往往会招致更强势的反扑。这种情况就是，如果弱势的人向强势的人讨教，怎么能优雅地处理社交问题，强势的人可能只会告诉具体方法，而弱势的人只用这些方法的话，就可能会陷入更麻烦的状况。

多多社交的好处就在于，去了解别人的想法和处事的方式，让自己不要陷入自己的思维旋涡里出不来，也可能世界不是自己想象的那样，别人的想法，不是自己想象的那样。

最后，在社交中认识自己。

由于社交会投射别人的想法，因此也就会映照出自己的想法。

很多人说话做事看起来很有道理，滴水不漏，但是却经不起时间的考验。原因正在于，这些人并没有从一个社会环境中看自己的想法。

学生暂且不论，对职场人而言，总是处在一个一致的环境中。自己是老师，社交的圈子就只有家人、老师和旧友，或者自己是公务员，相处的对象就只有家人、同事和旧友，这种状况就会比较容易出现局限性，面对复杂的问题很不容易突破局限。

举个例子，我们谁都知道欠钱是要还的，可是总有人欠钱不还，为什么？

事实上,被"老赖"欠钱这件事多数只会发生在一个相对稳定的圈子里,这个圈子里有亲人关系,也有非亲非故的关系,但是不管怎么说,他们都会是时常在一起的,情感投入比较多的。

去看那些上了"老赖"名单的人,往往总是自视过高的,觉得借一点钱并不是什么难事,自己能还上,而且会保持一种对他人的强烈要求。对待一起共事的人,他们会认为,我都如此承诺了,都给你这么优厚的条件了,你还不来投资,你这辈子就是没有眼光发财的人。而后面出了问题无法还钱的时候,对待自己亲密关系里的人,他们会说,我都如此了,我做这些都是为了你们,你们现在不愿意出手帮我,你们都是恶人。

"老赖"借钱的对象,也往往是对自己的认知和对社会的认知缺乏同一感的人,这些人会跟着对方的思路走,如果没能帮忙还会内疚,一旦开始跟着对方的方式走,就会继续投入更多,赌对方能还更多,结果就是很难收场。

实际上,在这种方式下,钱被圈走的人,也会在别的圈套里被圈走钱,这本身就是固有模式出现了问题,往往社交的圈子同质化比较严重,很难给他们超越认知的映射。

在社交中认识自己,就是在和更多人交流的过程中去反观自己,去发现事情并不可能像对方承诺的那样,或者并不像自己想象的那样,简单说就是增加更多的信息量,让自己在应对复杂人际关系的时候更有底气。

我们的确不能保证身边都是和自己三观很合的人,也幸好不是每个人都会顺着我们的意，让我们有了和自己不一样的参照。

实际上，每个人传达到别人头脑里的大多数事情，都会遭遇或多或少的攻击和抵抗。

人只能接受自己三观范围以内的事情，超越个人认知的事情很少会被人听进去。一般来讲，听完一席话能记住10%算是讲话人很会讲，看完一本书能记住10%就算是一本好书了。

那么为什么我们还要把自己头脑里的事情去说给别人听，自己悄悄做决定不好吗？不好。事实上很多时候，去给别人陈述自己的观点，并不是真的在努力说服另外一个人，而是在别人的反对和否定中来审视自己的思维，去看到自己并没有看到过的问题，正视一些自己可能没有注意到的矛盾。

透过别人的眼光，并不是去看某件事的可行性，而是去看，在这条前进的道路中，会遭遇哪些已经很明确的障碍，从而促使自己改进，把道路走得更顺。

而且去和别人交流自己的想法，还有一个明确的好处就是，你会看到，很多事情并没有你想象中那么困难，也会看到，很多事情并不像在头脑里面那样理想。

每个人的关注点是不一样的，也可能阻碍自己前行的那个点，在别人的眼里并不是很困难，别人只是一句话的提醒，就能帮助你把整个困难给化解，帮你看到你头脑中的大老虎并不可怕。

从另外的角度来看，自己很坚信的点，可能在别人看来，并不靠谱，也会有很多方式是自己绝对想不到的处理方式，实际上是增强了自己的格局和能力。

社交正是承载了这个功能，透过社交来观测自己，用一种研究和学习的视角来看看自己和别人的不同，对自己的能力起着很大的促进作用。

1.2 社交成就人也消耗人

我们需要社交，因为在社交中，我们成就了自己，我们都不可避免要在社交中认识自己，而且人会和自己所处的圈子一起成长，同一个圈子里的人，三观、思维模式和事业水平会越来越相似。

事业发展很好的人身边，其密切交流的对象往往也是和自己类似的，经济利益和看问题的方式已经决定了必须是这样的一群人在一起，才能实现更好、更密切的交流。

因此，我们看一个人是怎样的人，同样可以通过观看对方处在什么样的社交圈来判断。有的人交流的对象非常广，有的人交流的对象非常少，不管是何种状况，我们都会和自己的交际圈捆绑在一起，并且和交际圈一起成长。

社交中有很多事情会改变一个人，例如我们总会感觉在成长过程中会慢慢失去旧友。

中国人被"朋友"二字捆绑最多，很多人会有义字当先的想法，认为朋友应该是一辈子的朋友，但是大多数人所遇到的现实困难是，社会生活变化太快，生活环境、工作环境和整个交际圈都在产生很多变化，很难去维持一段长久的友情。

旧友是值得去交流的，因为旧友身上有自己最质朴的三观，这种三观是在成年世界中很难找到，也很难和别人磨合到一起的。这是因为在认知发展的过程中，旧友陪自己一起走过，很自然就会和自己一起磨出了相似的三观，也可以说，和多年不见的旧友一起交流，是最轻便、最治愈的。

但是，我们随着自己的学习和事业的变化，和旧友会慢慢变得难交流了，老朋友之间更容易产生埋怨之心，原因在于，我们自身在变化，但对对方的认识没有变，对双方关系的认识还停留在从前。

于是，常会有人表达，相处了十多年的朋友，一夕分别，不再相见，老朋友也就成了最容易绝交的一类人。

这些事件当然也会影响人的想法，很多人会因此对自己产生质疑，继而怀疑自己是不是有人际交流障碍。

实际上没有必要，人的想法是会变化的，每个人都有一个时期会看到自己并重新认识自己，而每个人对自我的认识在随着自己所受的教育、所经历的事情产生很多变化。因此，和过去的旧友产生分歧，是很自然的事，这个不同来自当初结识仅是在一个平台上，或者是从小一起长大的发小，或者是一起在学校里玩的同学，之后各自发展，各有好坏，就自然产生了分歧。这种分歧最终导致绝交在于，有时相处过于密切以后，矛盾就掩盖不住了。

因此，对于相处多年的老朋友，记住情分是最好的，三观相似那是幸运，三观不同，就及时调整距离，相处不要太累为宜。

当然也可以说，小孩子的世界才会说"绝交"，成年人的世界仅仅是慢慢减少交流。不管怎样，都不必为要失去的友情难过，两人只要还能有一丝余地，都不会到分开不再见面的。特别在现代，还可以有点赞之交这种选择，如果确实无法交流，那么失去也可以说是一种清简。

这就要说到社交有时候并不是完全都在起好的作用，社交有时也是会消耗人的。

这不难理解，建立一段社交关系，必然意味着需要花费时间、精力去相处和维护，但是，在现代社会中，能抽出时间来维护自己社交关系的人并不多，多数人都只是在繁华都市中的孤独个体，和朋友见面的时间少得可怜，被学习、工作掏空了心力，就更加珍惜自己能独处的时间。

如今网络交流非常方便，现代人的社交都有一种冰冷感，时常互相点赞的人就那么几个，能微信聊天的人也不会太多，甚至现代人连点开对方语音消息的勇气都没有了，甚至看到语音消息就烦躁，也基本表明了现代人对社交的态度。

事实上，很多人没有理解的是，处理不好社交关系并不怪别人，也不是因为自己的冷漠，逃出朋友圈的人，更多都是没有处理好自己的状况，更加无力去应付别人。

对于看到朋友消息就烦的情况，更好的反思路径不是自己做错了什么或者对方做错了什么，而是应该看看自己生活中的现实压力，究竟是什么样的压力导致自己丧失社交的心力，好好照顾自己，才能有精力去应对社交。

1.3 身边出现过于负面的社交关系怎么办

现代人对自己的关心越来越细腻了，多数时候都会敏感地关注到自己的生活状态和社交状态，并且去解决不佳的状态。

我们身边总会有些负面情绪比较多的朋友，和这样的朋友密切交往，会伤害自己，如果不和对方交往，又很难割舍。

社交对象特别负面，但是负面的社交关系却不尽相同。这不仅是某个人情绪负面的问题，细分下来还有其他的情况，例如身边的人不时打击自己，或者关注点过于负面，或者过于求关注，这些都会给社交关系蒙上阴影，也会实际给人造成伤害。

首先说身边的人经常打击自己。

对于这样的关系，该反思的不仅是一方，而是双方都需要去反思。

容易攻击别人的人，习惯于把自己遭遇事情以后的情绪发泄在别人的身上。而且这种攻击和被攻击的关系通常是相当亲密的，双方都很难和对方分开，才会让施虐和受虐结合得如此紧密。

习惯于攻击别人的一方通常不会无差别攻击，通常能攻击的对象并不是很多，而被攻击的人也只承受特定群体的攻击，通常是亲密或权威的关系，但在打击的强弱程度和能不能察觉上还是有区分的，并且这种被动的关系是可以在亲密关系中找到影子的。

所有的社交关系都是亲密关系的一种表达而已，亲密关系才是社交圆环中和自己最近的圆环，其他的关系，都是透过自己在亲密关系中的交际方式再去延伸的。

容易被朋友打击的人，在原生家庭或者亲密关系中，也多半能找到让他隐忍的原因。在职场中，也会表现为更容易受欺负。

很多人被打击以后，看起来是失去自信，对自己的评价降低，看自己的观点更负面，甚至更容易患得患失，很担心失去对方和自己的友情。但实际上，如果从更客观的角度来看，人际交往是符合"一个愿打，一个愿挨"的定理的，相似的两个人才会在一起，施虐者往往和受虐者在共享某种相似的心理。

这种心理往往就是害怕失去情谊，只是表现的形式不同，攻击一方的打击是伴随着强烈的控制欲，被攻击一方则是被打击伴随着自卑等复杂的情感因素。

发现自己身处这样的状况中，需要去分析自己为什么愿意隐忍，然后再看这样的隐忍是不是合理。

但想改变这样的状况却相当不容易，因为这样的相处习惯并不是一天两天形成的，自己依赖和对方的情感，对方也会同样依赖与自己的情谊。

假如仅是表达对方做得不对，或者想要用分开来威胁和对方的友谊，不仅没有用，而且还可能会引发更严重的反扑，两败俱伤。

更好的方法是，界限分明地交流，在表达自己看重和对方友情的前提下，明确划清楚自己的界限，双方对相处的雷区有清晰的认识，才能在更有尊重的氛围中和谐相处。

其次是关注点过于负面的人。

人对于事件的发展有不同的关注点，有时候会看到一件事积极的一面，有时候会关注到一件事消极的一面。正是对事件的不同认知方式，人才会在不同中成长，也才能在不同的思维中对比出更好更有利的思考方式。

但是，我们会明显发现，和一个思想积极的人交流，会比和一个消极的人交流更愉快一些。原因正在于，积极的思想会碰撞出不一样的人生状态，在积极思想的指引下，很多事情都能显得更有趣味性。

同样是失恋，消极的人会认为是一件非常痛苦的事情，遭遇到了感情上的否定，算是一种可怕的创伤。但是积极的人会认为，失恋意味着有机会重新开始一种新生活，去认识新的人，去换一种没有人管控的日子，不失为一件好事。

过于关注负面信息，意味着对于未来没有好的预期，局限于眼前和过去，认为未来会越过越难，越过越不好，身边长期有这样的人，很容易影响自己对现实的判断力。

很多时候，想法过于负面来自想法实在过多，许多人没有注意到，其实想法多的人很难开心，很难不负面，想法少的人，反而更积极、更容易有坚定的执行力。

举个简单的例子，对于想法少的人而言，"吃什么"这种问题，第一念是去吃面，第二念是去哪家吃面，第三念就是怎么执行了。而想法过多的人，面对"吃什么"这种问题，第一念是想去吃面，第二念是想去哪家吃面，第三念是想到那家的面可能不好，第四念是想到还是别吃面了，第五念是想到去吃其他的……想了一圈，没有想到合理的解决方案，但是时间过了就会更加焦躁，最后花了时间，却没有得到实质性的成果。

我们可以看到，想法过多，会在一个人的脑子里充满了各种不同的声音，并且这些声音互相都还在打架，长期这样，是很难开心的。

我一直提倡写手账，某种程度上也是把这些想法写下来，给自己的大脑一个空当，让自己不用总去思考些对实际情况没有帮助，却还影响心情的事情。

既然想法多的人难免负面，或者说，负面的人想法难免很多，这种情况下，负面的人就不太容易有心力去理解交流的内容，交流就会更容易产生矛盾。我们总会碰到还没说上两句话就开始激烈辩白或者激烈反驳的人，想法太多的人总会觉得什么都和自己有关系。

更好的沟通实际上是来自沟通的双方都能用足够的接纳能力去理解对方的话语，但对于一个关注点本身就相当负面的人而言，照顾好自己都已经不是一件容易的事了，很难再有余力

四、用手账管理社交 | 199

包容别人的观点。

也可以说，如果发现自己身边的朋友动不动就和自己产生分歧时，就是需要去了解对方是否过于负面的时候了。

我个人并不是很认同一个没有接受过专业心理训练的人过于接触一个关注点很负面的人，就算是朋友，和对方的交往也需要设限。

对于普通人而言，是很难去判断对方的负面情绪究竟是来自哪里的，是原生家庭的影响，还是现实生活的打击，还是思维模式和思维习惯的问题。另一个问题是，负面的程度，有的人消极情绪仅是一两个月，是由于受到了创伤短暂形成的，有的人消极情绪是经年累月的，持续这么消极，越是努力想让对方变积极，就越容易更深地伤害对方。

因此，非专业人士更好的帮助是陪伴，出工不出力能让对方更有安全感，也更不容易冒犯到对方。实在要给建议，就建议对方去找更专业的人，以免自己的情绪跟着一起坠落深渊，这不是利己主义，而是就连专业人士也需要经历很久的训练，才能更好地面对关注点过于负面的人。

最后一种负面状况会比较隐蔽，是过多求关注的人。

这样的人隐藏在大多数人身边，是很不容易被发现的，他们会期望从身边人身上索取更多的关爱，类似于"能量黑洞"，不停地吸取别人身上的能量给自己补充。

如果仅是对别人索取关注和爱，的确会有一些人能力有余，能给他们更多的关爱。但遗憾的是，大多数人都只是普通人，在现代能照顾好自己都不易，很难抽出余力来给别人更多的关爱了。一段时间以后就会被掏空，这就会伤害到付出感情的人。

并且过多求关注的人身上会藏有一种谴责逻辑：我都已经如此了，你还不能理解我，你是坏人。

在这种关系下，难免是相互捆绑又伴随着矛盾的。

面对这种关系，被捆绑的一方总是会感到无力或内疚，因为"黏人"这种特质也不会展现给所有人看，只有最亲密的伙伴有机会见证这样的"奇迹"。

实际上，求关注的人需要的是被放手，让其自由成长，如果没有办法让对方理解自己成长的重要性，起码应该要学会有分寸地给予关怀和帮助。

我们会在社交中被很多方式伤害，但是最亲密的人，往往就会表现为以上这样互相倾泻负能量，而且越亲密越容易出现这种状况，因为亲密，才会自然地认为，亲密的关系就应该要包容。

这就要说到家庭中的对待伴侣及孩子的亲密关系，并不是每个人都可以去做到有界限的和别人相处，也并不是每个人都有机会去分清这样的界限。

而真正遭遇到别人的负面情绪时，我们又很容易被点燃，那么在表达同理心，表达能够理解对方负面情绪的同时，可以去关注另外一件很重要的事，就是事情的出口。

如果自己身边有情绪一直低落的人，从情绪角度帮助对方,不如从事件角度帮助对方来得有效。

帮助对方理清事情脉络,确认当下可以实际操作的事情,可以说是更有益的方式。

面对负面情形,更好的解决方案是,放弃对事情中每个人的探究,放弃对事情的线性推理,放弃对人和人之间的相互关系的探寻。去面对现实中更深刻的现实矛盾,试着去一点点解决现实矛盾的过程中,就会发现,人际矛盾是可以随着事情的发展而变得更好的,解决实际事情,把握好事情的发展脉络,能很好减少对事件负面情况的关注,也就能更真诚去看待身处的人际关系,更好地进行人际交互。

而且可以操作的事情分得越细,越能帮助对方简单操作。就好像如果一个孩子很厌恶学校,因为他不想面对考试,可是三天之后就是重要的考试了,此时如何帮助孩子呢?

如果去关注孩子的情绪的话,就会发现孩子的情绪非常复杂,而说出来的言辞,又更像是为了不去考试而找的借口。于是,这样反而会惹怒家长,把家庭关系彻底搞差。

此时可以帮孩子细分到考前的每一个小时和每一个小目标,帮助孩子看到每个小时能做到的事,平衡孩子的目标和能力之间的差别,减少由于思虑未来而产生的负面情绪,去实际做一些小事,来增强自己的自信心。

2. 识别他人情绪和处理相互关系

2.1 如何识别他人情绪

识别他人的情绪非常重要，正确识别他人的情绪，是可以提升自己和对方的交往深度的。而想要提升这样的层次，共情能力就必不可少。

很多理论都想要阐述清楚识别他人情绪的问题，在西方的学说里面，学者细分了体态、表情和言辞来帮助更多人识别他人的情绪。

通过学习识别他人的表象方法，你可能需要去记忆很多信息，然后把这些信息一点一点去磨合、实践，最后才能得到一个结果。

但是从另外一个角度来看，如果先从本质出发，再去看别人的反应，不仅能轻松很多，而且还能再次让自己成长。

这个本质和核心就是自己，反求诸己，从一己出发，再去看别人，这就能更加深入和透彻地去看明白他人的情绪和反应。

如果连自己的态度都不了解，那对别人的态度自然是无从下手的。

如果对自己的情绪都谈不上清晰的认知，那么可能别人来找你倾诉一件什么能引起你情绪的事情以后，你就会自然陷入当时的情绪里，也许别人说的事情不管是时间、对象还是方式都是不一样的，但是你依然无法从当时的情绪中跳脱。

这种很难跳脱的表现，就会让人更强烈地去重复自己的观点，企图说服对方，以达成自己的目的，还美其名曰为别人好。真实的情况就是，对别人并没有很好，很可能人家就再也不会找你倾诉了。

因此，倾听的高级境界是，你能和别人有共情，但是又不会把自己的情绪宣泄出去。

但是想要一步到位，达到对自己的深刻认知，并且在社交中直接应用出来是非常困难的，可是还是有一些技巧性的方法能简单明确地帮助到我们去识别别人的情绪，我把这个识别的过程分为事前、事中和事后三个阶段。

首先，事前阶段，在还没了解对方对事情的态度以前先提问。

学会提问是一个很好的习惯，提问可以产生一段缓冲带，在自己发表正面观点以前，这能帮助你去了解对方的观点和态度。

学会这个技巧，不是说你要会曲意逢迎，而是经过一段提问过程以后，就算表达直白且反对的观点，也能获得对方的理解。

避免发生一种情况：明明对方的想法是来你面前吐槽某人，当笑话和你分享，但是你还没摸清对方的态度就直接把这个人夸上天，那么这个天就绝对聊不下去了。

提问分开放式提问和封闭式提问，假如只考虑两种提问方式的具体方法，那么只会学到技巧，对真正的沟通并没有益处。

好的提问在提问者这里是有预设的。

例如说，如果想询问对方对一件事情的态度，简单的问题可以这样表达："你怎么看呢？"但这种提问可能会让对方很困惑，不知道该如何回答也会让谈话陷入僵局。

更好一点的方式是用一个共情表达的公式来减缓自己直接发表见解的速度，也就是：情绪 + 细节复述 + 提问 = 共情表达。

情绪是说，你需要在表达态度前，先表达一个情绪，喜怒哀乐这些情绪都基本是中性的，如果不是严重的情感障碍，基本能表达正确。对于正常人而言，很难出现明明人家表达悲伤却领会成喜悦的情况。

一般的偏差是，别人表达的是嘲讽，但是被理解成欣赏，或者别人表达悲痛，自己只理解到了对方有点悲伤的程度，这种情况下，直接去表达自己的情绪，问题不会太大，可以在和对方更深入的交流中逐渐去抹平这些偏差。

细节重复会给别人一种你在听，并且听得很认真的感觉，就算是没有升华的原样重复，都能拉近彼此的距离。

提问原本是最好的延缓策略，并且还能增加话题度，但是直接提问会显得非常有攻击性。譬如说，老夫老妻相处久了，妻子走路撞到墙，丈夫不会像谈恋爱的时候一样去说"疼不疼啊,有没有撞伤啊?"之类,丈夫会直接说:"这么宽的马路你都能撞墙上,你怎么这么笨啊?"对丈夫而言两个表达都在表示关心和"怎么能发生这种事"的疑惑,但是由于后者是在接触久了以后,不想隐藏了,问得很直白,自然就显得让人接受不了。

通过共情公式,并且分步骤表达,既能表达自己的情绪和专注倾听的态度,又能进一步问出对方的态度,那样的表达就非常有效了。

举个例子,有一个初中生跟自己的妈妈讲,自己的同学骨折了,妈妈当即说,这得耽误这位同学多少学习,这个女生当场就哭了。

妈妈看到女儿哭是很无奈的,仔细想想,一个年届四十岁的母亲,面临上有老下有小、自己工作压力大、孩子学业压力大的情况,发出这种感叹的确是很正常的。但从女儿的角度来看,妈妈薄情、冷血,只知道逼孩子学习,甚至还有点触景伤情的意思,想到自己万一也遭遇这样的身体疼痛,妈妈也只考虑学习学不了,还有点小悲伤呢。

其实这位妈妈用提问的方法就能很好地解决这个问题了,不管女儿说了多么震惊的消息,妈妈多问一句:"为什么会这样?"

不管孩子的回答是什么,都是敞开了沟通的第一步。

再渐次用上共情公式来表达自己的想法:我听了这个很难过(情绪),你们同学竟然在运动中骨折了(细节复述),如果是你，你会怎么面对这个事情啊？

这样，就能在拉近距离的基础上，去进一步了解孩子的态度了。

其次，事中阶段，在理解对方情绪的过程中，可以使用积极沉默的技巧。

人无完人，就算是非常懂情绪的个体，也防不了对方不说话的情况。

在一般的生活环境中，对心智正常的个体，完全不想沟通、不想说话的人是不存在的，更多情况下，人是非常愿意倾诉，更愿意别人听自己说话的。

这一点包括许多有抑郁倾向的人，这些人看起来是很沉默、很压抑自己的，但实际上他们会对一些特定的人说非常多的话，而且倾诉的欲望会比较强烈。

基于这一点，我们要学会沉默。

沉默的氛围是最快能让别人开始言谈的氛围。

而积极沉默，就是在不说话的时候，还在用眼神和体态去鼓励对方说话。

恰当的眼神表现为，看着别人的眼睛到鼻尖这段距离。直勾勾地盯着眼睛会显得有攻击性，而盯太高也容易显得高傲，让人有压迫感，稍微中和一点的地方，会让人感觉没有太大的压力，也不会显得自己很没有自信。

恰当的体态表现为，积极模仿对方的体态。

人会在一种同质化的情境中对一个和自己相同的人产生极

强的好感，就好像在文字和语言完全不通的异国遇到同国的人时，会愉快且毫无保留地和对方交流，但是，可能不久之后在国内再聚时，两人就会发现当初对方吸引自己的因素并没有那么强烈，放在另一种环境中，两人甚至还是特别陌生的关系。

模仿对方体态是尽力去创造一种同质氛围，我们很容易简单理解为在和别人的交流过程中，体态亲近就能创造亲和感，其实并不是。对一个比较害怕暴露自己的人，亲切的体态甚至可能会让对方躲得更远，因此最好的体态就是完全模仿对方的体态。

有恰当眼神和相同体态加持的积极沉默，能够让对方在谈话中更多地表达自己，自己也就有机会去理解别人的想法和对事件的态度，也就能理解和感受到对方的情绪了。

最后，在事后的反思中放弃对情绪的逻辑思考。

我们难免会在某些时刻遭遇别人的情绪爆发，很多时候这些情绪爆发还会伤害到自己。这种情况下，怎么去理解对方的情绪就显得至关重要了。

要学会理解对方的情绪，看明白整个事情的走向，理解在当时情绪爆发的缘由，还要预判这个情绪会不会在将来再爆发，更重要的是，通过反思治愈自己。

这样看，事后反思的意义就相当重大了。

前面我们已经说过，由大脑的发育可知，我们的情绪是形成在逻辑之前，逻辑具有帮人判断对错和筛选信息的功能，但是逻辑却很难控制情绪。

逻辑能改善情绪发作的条件，但是却无法改变情绪。基于现代教育，我们已经太习惯身处于一个"讲道理"的环境，不仅和社会讲，给别人讲，很多时候还在给自己讲道理。

有时候经历了一个场景，这个场景在头脑中久久徘徊，挥之不去，不停演绎，不停解读，最后终于对场景过度解读了。

可是，很多时候，事情发生在不同的情境下，不管在当时每个人的表现是什么，反应是什么，都是在当时的氛围推动下客观发生的，并不以某一个人的改变而改变。

这些是事后追溯不了的，习惯于追溯和演绎的人，经常会把问题往复杂方向理解，这对心理的伤害很大。

因为追溯会带出后悔的情绪，而后悔这个情绪和悲伤同源。人的悲伤无非就是为了让人在自责的伤痛中去降低再发生同样事情的可能性。这是一种强烈且消耗很大的情绪，一旦长期沉浸在这样的情绪里，人就会陷入一种更为抑郁的情形中无法自拔。

在后悔中，不管是去责备别人还是责备自己，都不是好的选择，脱离实际环境以后的想象，并不客观。脱离客观的环境，仅仅用每一个当下去揣测对方，往往会导致情况变得更加失控。

我们要放弃对情绪的逻辑思考，是由于情绪很多时候是中性且客观的，促成一个人情绪爆发的缘由，一定是经年累月的累积，往往不是他爆发情绪的那一刻。

对待别人的情绪，不一定要去体验对方的真实情绪，不管是主动的还是被动的,都没有必要再去让情绪爆发来体验。

更好的路径是直接去看一个人做了何种选择,最终做了什么事情。

去理解一个人做的选择,是理解一个人的情绪最直接的方法,人的行为一定是受情绪指导的结果。

譬如说,一个人明明手上有一堆工作做不完,拖延着不做还去玩游戏,那不是他有什么非常了不得的能力能帮他在短时间内完成工作,而是痛苦的工作和简单的娱乐相比,从娱乐里来的快乐更轻松一些,就会更促成一个人的拖延和逃避。

但是反过来说,如果先找到了辛苦工作的快乐,再看到长期娱乐带来的恶果,那么大多数人都不会去逃避和拖延了。

2.2 为什么要在人际交往中应用情绪的感染力

中国人基于文化氛围和传统教育,非常崇尚更为内敛的表达方式。这也就是情绪宣泄和直接表达的理论,如果没有说透的话,在国内很难有人能接受。

可是控制情绪的基础在于适当的情绪宣泄,让内心的情绪少一点,单一一点,就能更清楚每个情绪的源头。

如果一直找不到合适的宣泄方式,人就会成为一个情绪负荷体,所有情绪都粘在身上,甩不掉脱不开,这样一定会在某个条件下爆发出来。

这就是说,所有的情绪爆发往往只是一定程度的迁怒而已。

而且，情绪沟通是更快能达成效果的沟通。同样一段话，让你印象深的往往是更有情绪的表达，而那些没有情绪的表达则很难被记住，甚至无法理解。

现代很多人希望用喜悦和幸福感来替代所有的情绪，听起来不错，但是并不完全妥当，因为人总会遇到各种各样的事情，生老病死在一个人的生命中，总是会出现的。

对这些明显会带来情绪的事件，如果只用一种方法解读，就会带来非常不佳的效果。

就好像，你明明看到一个人在哭，而且还哭得非常伤心的样子，你不知道对方为什么哭，只是告诉他"你别哭了，你应该高兴起来"，对方会认为你莫名其妙，并且没有同情心。

假设此时，你施展了积极关注的技巧，开始笑对方哭的样子很可爱，那么大概率会被对方拉到黑名单里。

情绪爆发是两个人的关系中非常特殊的事件，若是针对一个特定的对象，是希望能得到一定认同，获取存在感的，并且本身也是对关系的认同。大多数人展露情绪的对象都是关系很亲密的对象。

类似家人、伴侣就比一般关系里的人更容易成为情绪发泄的目标。

正因如此，才会有很多理论说要学会克制自己，但实际上，人无法完全克制自己的情绪，也没必要克制自己。在适当的时机，宣泄给适合的对象，才是让自己保持优雅的办法。

真正高情商的人会把脾气发得恰到好处。

大多数人是会愤怒的，即便不会愤怒，也能察觉自己受到了侵犯，可是越来越多的人不会发脾气了。

想想我们在婴幼儿时期学习和掌握并且运用良好的第一技能就是发脾气。

小时候高兴了我们会笑，不高兴了我们会哭，不仅总是恰到好处，而且总能达成自己的目的。

发脾气的技能真的很重要，毕竟我们靠着这个技能的修炼，获得关注，实现诉求，交到朋友，最终成年，但是到了成年阶段，却要把这个技能彻底丢弃，的确是非常可惜。

会发脾气意味着，你能感受到自己的愤怒，理解让自己愤怒的点，并且还能把这个愤怒发给适合的对象，最终还成就了两人的情谊，让感情升级。

首先，感受到自己的愤怒，并且理解让自己愤怒的点。

大多数人都是能感受到自己愤怒的，也会有当时不明白自己是愤怒的，只觉得有某种让自己不开心的事情，事后让自己真的愤怒起来的。

但是因为很多人越来越压抑愤怒，因此愤怒在日常生活中变了个形，成了类似抑郁的样子。大多数人第一反应愤怒了以后，第二反应就告诉自己，要克制要冷静，结果错过了对愤怒本身的反思。

对愤怒的反思，我们应该问问自己，自己当时为什么会产生愤怒的情绪？是对引起自己情绪的人的愤怒还是对事情的愤怒？是对那个惹到自己的人的愤怒，还是对他身上某些特质的愤怒，而这个特质为什么会让自己愤怒起来？是对整个事情的愤怒，还是对事情的某个部分的愤怒，这个事情为什么会让自己愤怒起来？

还有，对这件事的愤怒情绪里，有没有自己的诉求？再考虑一下，这个愤怒里有没有过去埋下的种子？是不是过去在某个时间点上遭遇了让自己愤怒的瞬间，这个情绪给积存下来了？

这一系列的反思能让自己理出一个头绪，从他人到事情，再从事情到自己。

其次，愤怒需要发泄给适当的对象。

对大多数人而言，发脾气最坏的结果莫过于发错了对象，让无辜者受牵连。这个后果的确不太好，一方面承担这些愤怒的人往往是亲密关系里的人，另一方面，对错误的对象发了脾气自己也会很后悔。

我接触的一些家长，他们能意识到自己对爱人或孩子发脾气不对，有时候并不是对方做了什么非常糟糕的事情，但是他们在那个时间就是没有忍住，后面想起来的时候，总会表现得很自责。

但是也有很多家长，心里积蓄的情绪实在是太多，以至于对孩子发了错误的脾气也完全意识不到，只觉得的确是孩子错了，结果就是孩子做什么在他看来都是不对的。

人的情绪会伤害人也会塑造人，总是作为他人情绪的承受者,这个体验会改变一个人。

在特别亲密的关系里,父母对子女发脾气,在孩子比较小的时候,孩子会模仿父母的攻击方式来表达自己的意愿和诉求。假如模仿以后遭到了更激烈的反抗,那么孩子就会选择压抑自己的愤怒,继而形成非常敏感担忧的性格。

许多通过压抑自己而避免负面情绪的人,也会淡化整个情绪体验,譬如压抑愤怒的人,笑点也相当高,很难有事情让他开心,或者他对别人的要求也很苛刻,很难遇到让自己很满意的对象。

如果想要改变被家人发脾气这件事,可以学习在感觉到压抑的时候把情绪发回去。

一个简单的道理,发脾气的家人会想:我对你发脾气,这是为你好,而且我现实压力相当大,身为家人,你应该要理解我的脾气。

可是被发脾气的人,应该也要学会这个逻辑:你是我的家人,所以你也应该能理解我对你脾气的反馈。

从家庭的角度来讲,特别令人不喜欢的人,都是在家庭中恃宠而骄的那一半,这正是由于其他家人没有尽到对他的反馈的责任。

另一个角度,如果想改变对家人发脾气这件事,就一定要学会理清情绪,再把情绪发给正确的对象。

很多时候情绪是来自领导,来自同事,或者某个路边的陌生人,还有很多情绪来自过去的经历。

前面说过，对过去的经历，应该要学会疏通整理，让自己一点点去理解当时的情境和其他人的选择。而对当下的情绪，多数情况下，有强烈情绪体验的时候是伴随着经济压力和事业压力的。也就是说，不一定要通过反思情绪来化解情绪，而是可以在发展和做事的过程中把情绪给化解。

领导晋升选择了别人而不是你，你非常委屈，感到不公平。但是换个角度，对于人才，领导是要保护和提拔的，而且在领导眼里，人的能力的确是分三六九等的，那么自己所感受到的委屈，应该就很片面了，努力工作在哪里都是有机会发光的。

如果想通过好好做事来化解情绪，那不妨在愤怒、焦虑的当时，列一份清单来解决焦躁。

我女儿四岁时的一个晚上，突然睡不着觉了，坐在床上忧愁，她说她有很多事情无法完成，幼儿园布置了很多作业让她很担心做不完。

在此之前我已经开始教女儿记手账了，于是我把女儿的手账拿出来，问她有什么作业，我们全部以清单的形式列下来，这样我们可以找时间一点一点做完。

当时女儿看着我帮她写了好长一串清单，很开心，安心去睡了。

对成年人而言，想要解决做事的压力，清单可能就不完全能解决问题了，但是可以作为一个参考方案，把情绪简化为一系列的事情，比追溯情绪要轻松很多。

最后，通过发脾气，让情感升级。

四、用手账管理社交

读书的时候,身边总是有吵吵闹闹的小感情和小纠纷。

刚工作的时候,身边的吵闹纠纷就很少了,有的人发生了一次就再也不见了,有的人吵吵闹闹很多次,还在一起。

三十岁的时候,我发现身边的人大多没有情绪了,身边已经没有人吵架了。我的朋友已经不会对我表达不满了,甚至偶尔有人在我面前发一通脾气,我都觉得弥足珍贵。

所以,害怕失去的人,其实并不会失去,而所有的别离,都只能说是早有预谋。

三十岁以后,还愿意把情绪暴露给别人的人,足以证明他的真诚和对他人的信任。一个人愿意用强烈的情绪表达他的意愿,是一件很可贵的事情,毕竟大多数情况下,很多人连对别人生气都觉得是很费劲的。

学会适度地对合适的人发脾气,是能增进感情的。合适脾气的度在于,你是对事还是对人。这意味着,不管说什么,都不能涉及对别人的评价,不能说某个人是好是坏,是善是恶,而是必须以实际事件为准绳,去客观评判。

之所以说高级的情商在于对事不对人,绝对不能去评判一个人,正是在于,人对人的判断是非常主观的。

每个人自己的价值观很容易就会和别人的价值观产生冲突,但是这种主观冲突是不存在对错的。成年人的观点只有立场不同,很难谈得上对错,并且,总有一个现象,你讨厌的人,很可能就是那个各方面和你同等的人,也就是人只会和自己同质的人产生冲突。

不要轻易从人和情感的角度来评判一件事，才能让自己站在一个客观的立场上，也可以让别人进入这个客观的体系。

发脾气的点越是中立客观，越有助于说明问题，并且越能有助于获得别人的理解。

2.3 如何处理相互关系

回到人际关系最核心的部分，不管我们对别人有何种心思，回到最根本的地方，还是我们和别人能相处顺利。

我们有必要给我们的人际关系类型进行更细化的分类，是见面的交情，还是合作关系？是普通关系还是亲密关系？是酒肉朋友还是事业上能有提携的人？

我们是有能力把我们的关系划分为很多部分的。这样划分有个明显的好处，就是对待每种关系，我们投入的时间、精力是不同的，也就需要有不同的策略去应对，而且根据不同时期的发展，我们的泛泛之交也有可能会成为亲密的伙伴，或者一些时期密切到独占的伙伴变成了普通的交情。这就需要去用更多的时间相处，在观察对方的同时，也观察自己。

人际关系并不是一个单一的过程，毕竟涉及两个人的相处，仅是一个人的热情，能成就短期的情感，可是长远来讲，相处起来就会累。

我更建议，以开放的心态去相处更多的人，但是以谨慎的态度去保持深入接触。

开放的心态在于，我们需要让自己拥有一定厚度的朋友圈，这意味着，我们能够用更包容的心态去接触更多的人。

因为人都是不完美的，有的人不完美的点自己是能接受的，但有的人无法接受。更广的交际范围，好处在于，你清楚地认识到自己的定位，并且找到自己真正喜欢和能相处下去的那类人，重要的是，去看到那些能和自己相处下去的不完美的人。

以我个人为例，我很少会因为某一个人在某件事上所表现出来的好坏，去评判我是否去和这个人相处。但实际上很多人都非常容易因为别人的某一个行为而彻底否认对方，这在某种程度上能让自己的朋友圈净化，却也无形中失去了很多观察以至于认同的机会。当然更主要的原因是，我们并不能因为自己不想和对方相处，就拒绝和对方相处，很多事情是需要机缘的。

在广泛的群体中去筛选出与自己趣味相投的人，才能去逐步调换一些给自己带来消极感受的人，而且找寻新伙伴的新鲜感也很能激发一个人对生活的热爱之情。

因此，我会用开放的心态，和那些不完美的人相处，也坚信对方眼里的我也同样是不完美的。

我不介意身边有那么一些朋友是被其他朋友唾骂的，我会认为这些朋友被旁人讨厌有其自己的原因，但只要没有影响到我，或者对方的影响在我的预期范围之内，没有实际伤害到我，我都是可以睁一只眼闭一只眼的。

原理很简单，一个人如果品德高尚、生活自律、日日修身养性，这个人的生活就能满足自己，甚至还能去更多地帮助他人，这样完善的个体是不需要别人介入的，想和这样的人相处，会有些乏味，自己也没有价值感。

人和人相处的价值感在于，你挥我一拳，我打你一棒，都没有把对方打死打伤，双方却在这一拳一棒中都获得了成长。

我接触的许多让我有价值感的人，生活都有一些大起大落。他们有脾气，会负面关注，把人际关系也处理得一团糟，却不能否认，他们有自己的盘算，有自己所需要追求的东西。尽管他们会因为一己之私，把家庭置于无限的危机之中，尽管他们可能因为眼前利益，而让自己的人品饱受质疑，但却不能否认他们在努力成长，追寻更好的日子。

我相信人是会慢慢去改变的，因为人都有趋利、变好的想法，当自己更有成就以后，人就会更爱惜自己的羽毛。这会有一个过程，所以对待这样的个体，明确好界限，再给予足够的时间，是能见到变化的。

在不同的人和事当中交叉理解，也就更能理解每个人所处的立场。有了立场，我们就不会单纯只看对错和好坏了，就能够站在对方的立场上去看他眼中的世界。这种新鲜视角，是能刺激自己去进步的。每个人把自己的日子过得精彩，这才是最重要的。

但是，每个人每天的时间精力有限，就算仅仅是聊微信的交情，每天能投入的时间也是有限的，更不用说保持一定的见面频率。

我能保持每天联系、每周联系的好友是很有限的，我每天会联系的好友就是一两个。虽然都是发发微信，写的都是文字，但是一句话对方也都能理解。

我会在自己的亲密关系之外，留很多时间给自己的好朋友。这是因为，和自己的另一半交流其实是有限的，和伴侣在一起，并不完全是由于志趣相投才在一起的，和伴侣的情投意合，很多时候是因为见面就升起来的那种荷尔蒙冲动。而且日常生活往往平淡琐碎，为了家庭都要去努力奋斗，这个情况下再和对方一起去培养同样的爱好，难免就显得很费时间。

在我看来，亲密关系就需要在对方面前成为自己，能无比轻松地面对对方，而不是进了家门还要端着说自己的爱好，说自己的成就，说自己一天学习了什么。这会让双方都很痛苦，彼之蜜糖我之毒药。而减少冲突的方法就很简单，在亲密关系外，去寻找更多能聊得来的人。

事实上，有很多话题确实不适合与伴侣说，需要有别的倾诉对象。因为伴侣会过于看重你，会关切过急，并且很多时候因为实在太熟悉，有很多细节都可以跳过，直接得到结论。这种倾诉会比较乏味，而朋友不一样，朋友就算相互了解，深入程度也不可能比每天都在一起的伴侣深，有时候需要观点磨合，这种磨合会带来更靠近的体验。

再有，伴侣往往不可以调换，但是志趣相投的好友可以。今天一起玩，明天没时间了不聊不玩，也是完全能理解的，相似的好友会共享基本相同的三观。

我们当然很难做到见一面就决定是否要深入相处，可是多给彼此时机，有时候需要一点敏锐的第六感，觉得能相处的，就相处下去，觉得不能相处的，就不用强求。

以上都是能够深入交往的朋友关系，当然，生活中不见得仅有能相处下去的人，遇到无法相处的人或者从任何角度看都不能深入打交道的人，怎么去维护关系？

第一，话题边界很重要。

对于暂时不想发展深入关系的人，需要去给对方一个边界感。

工作中得来的关系，最好就是利益相关，专业问答，再深入的生活琐事就需要避免更多的相互自我暴露。工作场合的关系，问及家庭的情况下，一般到孩子就打住了。对我而言，除非是付费的婚姻咨询，否则我不会和一位异性去讨论对方妻子的缺点之类的问题。

话题的边界决定了自己观点的暴露程度，而自己观点的暴露，往往会影响双方对于交往的判断。有一些敏感的话题，对方提起可能是信任，也可能是试探，自己接招就容易被牵着鼻子走，因此我会避开。

如果是网络上，我就不会再回了。如果是见面时间，我一般会选择消极沉默，也就是不会对对方的话题提出回应，同时直接就避免目光接触了。如果还没有阻止对方的言谈，我就会建立手抱着胸口这样回避型的肢体语言，或者以直接喝茶倒水等借口来打断对方说话。

之所以必须要用比较委婉的方式而不是直接提，就是因为，直接提，会让对方以为你在意，而委婉的肢体语言，会让对方摸不清你的态度，慢慢就不敢再提了。

第二，表达专业性。

对于大多数不太好相处的人，正常人都知道要远离，可是拒绝十次还是需要有一两次去见个面，而且有时候确实是利益相关，就很难拒绝。

这种情况下，把自己的专业性摆在第一位，让对方理解自己的专业性，就很不容易被冒犯了。

这就要说到另一个问题，只有不够专业的表达，才会让别人认为有机可乘。如果专注于事件和利益，超过工作范围的不回应，就能解决不少问题。

第三，合理分配时间空间

每个人一天只有 24 小时，能给自己的时间都不多，妄谈给不够深入交往的人时间。

因此，我会用不同的策略去安排自己的交际，让自己能处理很多人际关系的同时，又能不拖垮自己。

有很多人是还没有到可以随时约出来吃饭玩耍的交情，但是可以安排一些集体活动的时间去和对方适当交流。也会有一些人是可以用网络化的方式，在微信上点个赞、聊一聊，发一些消息交流一下，用这样的方式，能够以一个轻松的姿态去获得更多的交流机会。

3. 建立社交手账

手账的目标就是管理,而人际关系也是需要管理的。其实每个人都有能力去提升自己的人际交流的质量,但很多人是碍于自己的原生家庭、所处环境等因素,拒绝去对外打开自己。

但是,开放的心态能够给人更多力量,且不说人际交往中有可能获得的实际业务提升,仅说交流和碰撞中所产生的思想火花或者治愈力量,就很值得一个人去开放自己。

因此建立社交手账,其实也是建立一套人际管理体系。

你可以通过手账去记忆新认识的朋友,也可以通过手账去循环联系旧友,而对于更为亲密的伙伴,可以通过手账去分析其行为背后的成因,以避免交流中时常出现摩擦和矛盾。

3.1 人际关系的轻松交流和维护

我们在工作中和生活中都很容易结识到新的朋友。对我而言,多数时候都是可以保持很好交流的,但是难免有一些时间会发生忘记名字或忘记长相这样的尴尬情况。

当然就我个人的认识,我忘的时候对方也会忘记,我通常都会立即再补充自己的信息,譬如名字、职业和怎么认识的这些情况,以免两个人同样尴尬。

积极介绍自己，也可以算作一种积极交流的心态，相比较来讲，我的确遇过就是不愿意说自己名字的人，这其实是对自己生活和个人状态另一种形式的不认可。

当然，通过积极写手账来管理自己的方式，人会慢慢建立自己对事件的控制力，减少由于情绪不佳而带来的诸多问题。把自己处理好了，人就有能力向外看，去看别人是什么样的，别人经历了怎样的生活，别人又会做出怎样的选择。

我有一本薄的手账本，对于新认识的人，且我觉得有必要去建立关系的人，就一会把对方的姓名、遇见场景和各类当时谈到的信息简单写一下。

作为一个宝妈，经常会在孩子学习、玩乐的场合遇到同龄小孩的妈妈，那我在记录的时候，就会连同孩子的信息，和孩子妈妈的信息一起记录下来。

除此之外，我会在手机上设置一个新人提醒记录，我会详细记录上对方的名字、孩子的名字和对方的微信名，跟谁一起、在什么时间认识的。这些记录好以后，我会以星期为单位设置提醒，如果是类似送孩子上兴趣班这样的情况，每周固定时间都能见面的，见面加提醒几次，很快就能记住对方是谁，接下来就是提醒对方记住我。

还有一些是无法固定时间见面的，这种情况下，我看到提醒信息的时候，就会去翻翻对方的朋友圈，能点赞的点赞，能评论的评论，逢到过节专门发条消息。回不回复我反倒并不是很在意，这是由于每个人对社交重要性的认识不一样，而且也有可能我并非对方愿意交流的人,那么我把自己的工作做好,最终不来往我也没什么好遗憾的。

这就说到我对自己的社交管理里,是有一个社交周期的设置。

所谓社交周期,就是会安排一周的某一天,以周为单位在手机上设置日程提醒,去专门选两个人发一下微信,关系好的还会约出来吃饭。当然,我也会选择在这一天发带有私人印记的朋友圈,这样的朋友圈内容可以提升自己的互动性,展示自己的所长,有时还能吸引适当的交流。

我的社交日是设置在周三,在这一天如果是要约人吃饭,我会提前就和对方联系,是否能到对方工作地点附近约一个合适的场所吃饭,或者别的某个时间约。社交周期提醒之所以很重要是在于,我们需要社交给我们力量,而且也需要在社交中提升自己。有时候观点差别越大的人,越容易产生不一样的结果。对于一些无法时常见面,但又在自己朋友圈里的人,稍微问候一下,说不定就会有很不一样的信息出现。

可是说到社交,主要也是一种个人选择。在积极的时候,和朋友去交流,很容易获得更积极的反馈。但是有的时候自己很消极,在这种状况下,就会很抗拒和别人进行交流。我也会有这种情况,特别消极的时候,收到社交提醒,就会鼓励自己看看朋友圈,点个赞也好。

当然,工作再忙,再消极的情况下,我也会拒绝和别人交流的,我会默默关了本次的提醒,等下次提醒的时候再说。

用设置时间的方式来社交，听起来有点过于理性，但是却是比较好的方式。因为这样的话，你不会过于沉浸在自己的世界里，而放弃遇到那些可能和自己灵魂契合的人，也不会因过于投入社交而忽视照顾自己，起码脑子里不用想着这件事。时间一到日程提醒就弹出来了，完全不需要花过多的时间精力去思考，多久没和朋友交流了，多久没有听到某个特定的人的消息了，这是一个从内观到外看的过程。

这是用时间的方式在手账上规划自己的社交，方式看起来很简单，但是做起来却不那么容易。事实上每个人都可以用这种方式去实践一下，得到最适合自己的方式。

3.2 应对职场交际疲乏

有一些密切交际圈会让人疲乏，特别是在工作环境中，一来，工作环境比较复杂，人很多，立场就会多，要保护的利益也会多；二来每个人所负责的任务不同，任务和任务之间必然产生交叉，就会有沟通和表达的问题。

职场上，有很多工作特别忙，而收入和付出又不怎么成正比，很容易会让人产生一种被耗干的感觉。这类工作，本身的职场尊严就没有通过工资体现出来，再加上业务量不够，事情不太多，忙来忙去都是人耗人的事情，一整天下来，都回想不出来做了什么特别有成就感的事，这就很有可能是公司的业务和发展出现了重大的问题。

可以说，环境是会对人产生很大影响的。我接触过很多从糟糕企业环境中出来的人，总会说自己的事情又多又烦，可是做来做去，又无法令人满意，最后进入迷茫期，怀疑自己，怀疑一切，完全不知道自己在干什么，也不能对自己的个人能力有准确的判断。

而往往在这种环境里时间比较久以后，身体就会出现状况，劳心劳力结果还不太好，会让很多人产生极强的挫败感。

同事的压力可以说是人际关系中最容易产生崩溃感的压力。据研究，白天职场生活中，遭到同事打压、抢功甚至冷言冷语嘲讽的，到了晚上会有很高的概率难以入眠，出现一定程度的睡眠障碍。

发现自己进入交际疲乏期的时候，需要赶紧调整自己。当然也并不需要今天说见不惯同事的某些行为，明天就去跟对方怼回来，或者盘算自身手上的资源，去给对方使绊子，让对方难开展工作。

只有信息不共享、资源完全不置换的人才会在职场中举步维艰。职场中的交际不是劝人想开就能想开的，很多时候背后是牵扯更复杂的事务的，这时候，一本应对社交疲乏的手账本就该出现了。

同样也是每天去记录应当记录之事宜，只是在这份手账中，需要更注意事件中人的影响。

我同样建议把手账页的一页分成三栏，但我更建议把这三栏不按照等距离、等比例方式来划分，而是给左边，写事实的一栏多留一点位置。

这样可以在描述事件的时候，多给事件中的人一点空间，这样在拉线出来具体描述的时候，就会更清晰地表达出场景和情状，以及不同当事人的立场和状态。

一般来说，职场环境下，一个领导责骂员工，不会只责骂一个人，差别仅在于对谁更狠一些。被骂得更狠的人，并不会是工作能力真的更有问题的人，会有几方面因素：性格方面软弱的人、和领导关系更密切一些的人、有进步空间的人。

事实上，领导愿意把自己的情绪丢给一个员工，也是一种信任的方式，起码会认为这个人是能承受得住的，如果觉得承受不住，根本都不会这样去表达。

这些通过写手账的方式去分析和对比，就能对比出自己实际的不足和自己实际上有委屈的地方。应该说，放在一页纸上，是一定有机会细分出来每一种情形的差别的，而且一页纸上也展现了事件中的人际关系，会更加清楚事件的脉络和走向。

写手账的过程，能消减一部分消极的情绪，接下来是总结出应对策略来彻底解决工作中的消极状态。

更有格局的处理问题的方式，是用去处理事情来替代处理情绪。

譬如说，领导骂的反正是业绩问题，业绩归谁负责这种论题，通过几个人的争论，会越辩越模糊，人际关系搞糟糕的情况下，还会失去提升业绩这个重点。

换一个眼光，换一种认识方式，会发现，工作、事业和学业这种很客观的事情，永远都是可以通过发展来解决的。

压力再大、麻烦再多都能通过对事件的专注而不断去改变，相比去改变事件中的人际关系来讲，改变事情，让事情更顺自己的心意发展，总是较为轻松的选项。

3.3 用手账提升识人能力

识人能力可谓是大家都追求的比较高级的能力，通过写手账，是完全可以达成对一个人比较准确的判断的。

可以说，大多数人都能够对别人有一个基本的判断力，但是并不是人人都能坚信自己的判断力，加上人都是见面三分情，时常见面，或者时常交流之后，就会慢慢忘记之前的判断，最终遇到了问题，会发现，还是和自己当时的判断一模一样。

在一本人际关系为主导的手账上，识人能力的获得可以说是前面培养的人际关系逻辑力的提升和总结。

之前我们在用事情为线索，记录对事件中人的看法，总结出对人当时行为和立场的判断，而在识人部分，是用这个基础，做对未来的判断。

不可否认，写手账是有滞后性的，写一篇手账，一定是在事情发生了之后，可是通过写手账，人会慢慢习惯于一种更全面思考问题的方式，这样在应对新的情形时，就会自然用这样的方式去思考。

而且如果能从比较准确的、理性的判断中获得好的结果，就会更有兴趣去做判断。

我会在采集资料的阶段，多多去询问对方各种大事小事，甚至很多事情关联性都不大，但是，询问得多了以后，每个人所经历的事情，就会呈现"事实——选择——结果"模式。

一个人不管是什么年龄，前前后后经历了多少事情，事件可能每次都会变，但是选择和结果，受制于思维习惯和行为模式，总是会保持高度的一致性。

罗列的事实越多，越能清晰知道对方在杂多的方式中会选择什么，从而总能达到一定的结果。

举例来讲，有一次一个二十岁的年轻男孩来找我咨询，谈到了他和女朋友的感情一般，在分手边缘。

询问完男孩的交往情况以后，我开始选择判断孩子的人际交往状况和人际交往模式。

我先问他和父母的关系，男孩描述，爸爸基本不管不关心自己，他也不愿意和爸爸有什么交流；妈妈很爱自己，对自己的大事小事都很关心，但有时候不理解自己的想法，所以造成了矛盾。

我再问孩子和同学的交往情况，孩子清楚地表达了和每个同宿舍同学的交往状况，大可以总结为：和他关系好的人，都是能理解他的想法，会主动和他交流的人；和他关系不好的，大多是对他的想法没有丝毫察觉的人。

有了以上事实以后，我发现，不管对象是如何变化的，男孩的选择有一种倾向，那就是，对他人抱有期待，自己对别人的方式，会随对方对自己的态度而改变，简而言之就是他选择用一种被动的方式去社交。而这样的方式在和女友相处的时候，自然会出现矛盾的结果，毕竟女孩子需要对方主动一些去哄，而且也更喜欢有主见的男生。

时常在手账上这样去理顺自己对身边人的思路，就会慢慢发现，自己不仅更会判断他人，甚至还可以用核心判断，用到别的事件上，成为一个完整的图谱。

譬如说在上面一件事情中，由于男孩是一种完全被动的相处方式，我们可以预测到在这段感情里，两人起初决定在一起的时候，也不会有谁用尽心力去追，只是觉得合适，就在一起了，并没有考虑更多。甚至女孩也可能是一个被动型的人，因为感情里都是同性相吸的。由于是被动型的人，他们的感情很容易随波逐流，只要身边有人强力干扰，就容易造成分手。

可是这样的被动型人，作为好友却是很受欢迎的，因为没有什么意见，只要喊就一定会到，而且也不会很突出去表现自己的性格，作为朋友，当然就会很喜欢。

经常在手账上做这样的练习，从长远来讲，会在看到一个人的一些行为后，就对这个人有一个大体的印象，可以说是识人最基本的方式了。

除了以上的方式，还有一种四宫格手账。在新接触一些人时，或者在需要预判对方是否适合合作的时候，如果我不算太确定，我就会拿出手账本，把手账本横竖四等分。

我会在上面一行的两个框里写有依据的事实。

第一个框中写出事件背景，也就是当初认识的情形，不管有什么样的交情，我都会详细写在这个框里。这是属于事实的部分，不管事实当初是如何形成的，这都是能直接成为依据的部分，每一个事件的结果，都是由当时的选择不同而造成的，可以去理解对方的选择模式。

第二个框里我会写上对对方优势和劣势的陈述，这个陈述有推测的部分，但是基本尊重事实。当然，优势劣势肯定不是写善良、邪恶或者有钱、没钱这种总结性的东西，而是去分析对方同一思维模式下所呈现的优缺点。譬如说，有的人表现为性格很好，能稳定去做事，如果把这个理解为优势的话，那么相应，对方性格中的消极面就不可避免地成了劣势；再有，有的人能做好自己的事情，不会去插手别人的事件，如果这算优势的话，那么劣势就可能表现为对方只管自己的事，不会有太多的创造力。

用这种表达方式也显现了，优劣势这件事是相对的。相对于事件，就会成为事件中的两个面，有优势，必然会有劣势。

怎么判断优劣势，这就在于每个人自己了，要学会对照自己的性格去写。

对照自己是因为，朋友最终是和自己相处甚至合作，长远去看，是否能和自己相处和谐，当然是看对方的优势是否符合自己的喜好，对方的劣势，自己是否能接受。

就好像，如果遇到一个人，对方的优势是雷厉风行、行动力强，可是，自己的优势是小心谨慎、凡事三思后行，这两者间必然存在矛盾。积极推进的人，肯定会认为思考再三再出手是非常耽误时间的,会妨碍找到先机,而思考为先的人会认为,没有全盘筹备好,就去推进,是很冒失的,会浪费钱、浪费精力,最终不见得能得到好的结果。

正是这样的参照系不一样,就需要去对照自己,理解自己内心是否真的很需要这样的友情和长远合作。

上面一行的两个框里,如果罗列细腻的话,基本上能细致表现一个人的特质,下面一行的两个框,就是依据上面一行推理出来的。

第三个框我会写下我的看好与忧虑。

针对优势,一定会有看好对方的点,但针对劣势,也一定会有忧虑的点。

我们可以从对方是不是愿意积极回复消息以及回复的内容是否切合沟通主题,来判断对方是否好沟通。

我们也能通过对方对于新事物的态度,来判断对方是否是一个有接纳度和有钻研精神的人。

我们还能从对方过去人生重大选择的模式,来判断对方是否是会遇事就找借口逃避的人。

这些要罗列起来,不可避免会烦琐。但是从上面一行的两个框里罗列的事实中,很容易就能对很多细致的问题进行判断了。

第四个框我会写事件的结果预期。

每一件事都会必然导致一个结果,去看自己能否承受这个结果就可以了。

对于合作的事,如果看得到对方无力支撑一个项目,还要把他按上去，那么就是不太理智的了。非要这样安排，估计就是存心想训练对方，那预先就该想好可能会导致的糟糕后果，不管是摆明的还是不摆明的，都该有个后招。

这样的方式，基本能看到一个人能不能长远相处，是否合作愉快。

大家习惯放在脑袋里想，可是很多细枝末节的线索，就会忘记，但是写下来，你能看到每个细枝末节是怎么发展的，也就更清楚自己对整件事的态度。

我们每个人都有能力判断出一个人能不能相处，但是很多时候，人会受情绪的左右，看着对方的优点就去遐想，对方是不是有可能被改变，变得更好。这种幻想大概率是自己骗自己的，一个有明显缺点、还需要改变才能成事的人，除非对方真的有洗心革面的愿望，否则是很难有机会因为同伴而变好的。

识人可以说是一种小技能，也就是为了预判一个人的性情，在和对方相处的过程中，能知道对方的"坑"在哪里，避开这种坑就可以了。

一个为了得钱而臭名昭著的人，不要和他有经济往来，任何利益相关的事情，即便自己不花一毛钱，都拒绝干净，就很难和对方产生现实矛盾。

一个挑剔且完美主义的人，在对方挑剔的时候，给足对方挑剔的时间，自己就很不容易因对方的挑剔而焦虑了。

有了这种识人的远见，自然就会对事情有预判，而不会在人际关系中焦虑无比了。

五、用手账提升人生体验

人的身心健康其实是包含三个部分的，身体健康、心理健康和社会适应力良好。

前面我们讲到了保持身体健康、情绪健康和社交健康，三者合起来，就可以提升到情商概念了。

之所以做这样的合并，是因为心理健康包括有正确的自我认识，正确认识及适应环境，理解和控制情绪。而社会适应力完好包括充分发挥自己在社会系统内的责任，有效扮演与其身份相适应的角色，能正确处理和他人的相互关系。

再看看对于情商的理解，很多学者把情商表达为五个相互关联且是递进关系的特征：自我意识、控制情绪、自我激励、认知他人情绪和处理相互关系。

自我意识包含有了解自己的意思，监视情绪的变化，能够察觉某种情绪的出现，观察和审视自己的内心世界体验，它是情绪智商的核心，只有认识自己，才能成为自己生活的主宰。

控制情绪也是一种控制自己的能力，调控自己的情绪，使之适时适度地表现出来，在适当的环境中，适度表现自己的情绪，达成效果，这比了解自己的情绪更高了一级。

自我激励是指能够依据活动的某种目标，调动、指挥情绪的能力，它能够使人走出生命中的低潮，重新出发。

在以上三者的基础上，才需要去做识别他人情绪这件事，也就是能够通过细微的社会信号、敏感地感受到他人的需求与欲望。认知他人的情绪，这是与他人正常交往，实现顺利沟通的基础。

构成情商的最后一级是处理好人际关系，调控自己与他人的情绪反应。

也就是说，情商本身就是一个合并了自身心理特质和社会特质的词，作为一个描述性的词汇，其实情商本身是在努力描述一个人的行为特征，但是这个特征并不能成为一个参照标准。

你会看到每个人都有自己处理问题的方法和模式，而且是固定的。这个固定的模式在一个范畴里非常有效，但是到了另一个范畴中，又会显得很无能，这就是为什么有些人可能拥有一个好的出发点，却在事件的发展中，演变成了坏的结果。

情商的高低，简单来说，就是每个人去理解自己的这个固定模式的能力的强弱。如果我们知道某种行为一定会在自己身上导致某个唯一的结果，那么是否能够在结果发生之前干涉自己不要一条道走到黑就很关键。

举个简单的例子，有的人很害怕别人不能肯定自己，为了获得别人的肯定，会做很多违背自己本心的事情。而"害怕被否定"，正好就是这些人处理所有问题的固定模式。发展出来的表象是，无法正确对待别人的批评。可能别人只说了个开头，他就迫不及待地开始辩解。再者，因为想要获得肯定，就会更加想去迎合别人，但往往适得其反。

但是，"想得到别人肯定"这个模式真的有问题吗？也并不一定。

你可能会看到一个成绩非常好的孩子，为了获得老师和家长的认可努力学习，你也可能会看到一个上进的员工，为了获得老板和同事的认可而努力工作。他可能很上进，可能很自律，可能为了这个认可付出了很多，一旦不被认可，就会出现消极、负面甚至抑郁的情绪。

你可以劝他，不一定要考虑别人的认可，自己认可自己就成了。

你也可以发挥情商的作用，告诉他：这就是你的固定模式，你知道自己有非要获得认可不行的心理以后，你可以去区分有的事情有必要争取认可，有的事情没有必要，对有的人可以争取认可，对有的人没有必要，这就是情境划分。再有，并不是所有事情都有机会得到别人的当面认可，很多时候别人的行为也会表达认可，若是真的遇到无法被肯定的事，那么就试

五、用手账提升人生体验

着换一条路走走,也许就走通了。

想要更高度理解自己的"固定模式",并且理解别人的固定模式,那就是情商的进阶内容了,这就是为什么说情商是一个和智商相关的商数了。你可能在和一个受教育程度相对较低的人交往中感到开心愉快,但是这种愉快的体验往往并不会长久,那是因为他的教育背景限制了他的眼界和三观。除非抛开学历,他自行修为了很久,碰过很多壁,提升了自身素养,才会有更高的情商表现。

现代社会有很多人爱用所谓的情商来套用到社交中,可是,很多人又在用伪情商概念,来陈述"高情商的人都会让身边的人和自己相处很舒服"这样的伪命题。

这是不对的,情商并不具有让别人开心这个能力,很有可能高情商的人还很会发脾气、很会制造尴尬、很会让气氛降到冰点。这种高级的情商表现,同样能让事情发展得顺利,适当制造过冰点的人,也许还更能加深亲密感。

1. 懂自己的人才更接近别人

1.1 认知一致性及其意义

埃里克森是美国著名的发展心理学家,他提出了人格的社会心理发展理论,把心理的发展做了八阶段论,每个阶段都有特殊的社会心理任务，并且认为每个阶段都有一个特殊的矛盾，矛盾的顺利解决是人格健康发展的前提。

在后世的实践中，这个八阶段论发挥了重要的作用。一个人从出生开始，每个阶段都在赋予更加丰富的意义，我们既可以把这个八阶段理论看作一个人一生的发展规划，也可以把这个八阶段理论理解为我们心理成长必须经历的历程。

在描述到十二至二十周岁这个时期时，埃里克森用了"同一性"对"角色混乱"的表述。

需要说明的是，在埃里克森八阶段论里，所有的阶段都是由两个相互对抗的概念来描述的。前面的概念代表一个完满的品质，如果顺利通过了这个时期的心理发展考验，那么就能获得这个完满品质；后面的概念代表一个不好的品质，如果受限于各方面条件而没有完全解决此阶段所需要解决的矛盾，那就会停留在后面一个不好的品质里。

之所以把这些品质分成了两个完全相对的概念，是想在对比中阐释两个品质习得的过程。

十二岁到二十周岁这个阶段里，"同一性"这个概念非常重要，可以说是整个埃里克森发展心理学理论最核心的一个部分，历来有很多心理学家对此发表不同的见解，也就反过来证明了这个概念的重要性。

同一性可以理解为社会与个人的统一，个体的主我与客我的统一，个体愿望和现实的统一，还可以理解为个体对自己的过去、现在和未来的认识的统一。最后这一点，是想表达在任何情况下都能够全面认识到意识与行动的主体是自己，或者说能抓住自己，这个自己就是"核心的自己"。

从时间上来说，十二周岁到二十周岁这个时期正是一个人的青春期。在这个时期人会经历生理上的剧烈变化，伴随着生理上的变化，会带来心理上掌控感的缺失，缺失掌控感和重新找回掌控感是这一时期的心理变化主题。

另一方面，随着身体变得越来越强，加上对自己认识的深入，会伴随对原生家庭的反抗。这个反抗很微妙，是带有依赖的反抗，这种依赖是希望参照原生家庭来更深入地认识自己，如果此时完全脱离了原生家庭，也一样会妨碍对自己同一性的认识。青少年在依赖的同时，又需要离开原生家庭的束缚去拓展自己的能力，在一个更大的参照系中认识自己，会建立同龄的、亲密的关系，在这些关系中逐渐认识自己。

在进一步认识自己的过程中，自己的过去、现在、将来都将产生一种内在的连续感，认识到自己的现在与未来的关系，也开始认识自己与他人在内在和外在方面的相同与差别，这就是同一性。自我认识障碍往往出现在青春叛逆期，在这个时期，青少年会把前面所积蓄的对原生家庭的情绪都爆发出来。

假如过去父母能给孩子更多的爱护，按照埃里克森的理论，在零到一岁，孩子一哭就适当安抚和满足孩子，帮助孩子建立了希望品质；在一到三岁，鼓励了孩子的独立行为，不在孩子出现探索行为的时候打断孩子，帮助孩子建立了自主品质；在三到六岁，鼓励孩子去探索新鲜事物，让孩子投身更多游戏活动，帮孩子克服内疚感，获得主动品质；在六到十二岁，鼓励孩子的勤奋探索，激发孩子的竞争心，帮助孩子获得勤奋品质；那么，青春期时孩子就会更好地认识自己，实现这种同一性。

但是，并不是每个孩子都能按照这样的完美模板来成长，也并不是每个孩子都能在相应的时期碰巧建立了相应的品质，没有做到这些，是不是就无法在青春期建立自我认识呢？

的确会有影响，但是不能绝对地去认为原生家庭产生过多的负面影响，会影响孩子自我认识的进程。后天的弥补，多去学习相关理论还是能帮助一个人在必要的时间回归到正轨上。

大多数人都不会拥有完美的原生家庭，但我们可以选择自己想要发展的方向。

同一性之所以如此重要，就是因为关系到一个人是如何认识自己，如何认识社会，并且如何参照社会去认识自己的，这个同一感可以帮助青少年了解自己以及了解自己与各种人、事、物的关系，顺利进入成年期。

一旦没有产生这种同一性的认识，就会怀疑自我认识与他人评价之间的一致性，也会看不到努力工作和获得成就之间的关系，也就是会产生同一性混乱。这个混乱会直接影响成年期的爱情、婚姻和对事业的追求，以及到了老年期以后的自我调整。这就形成了"同一性"的对立面"角色混乱"。

我们会看到很多成年人即便已经拥有很好的资源了，还是会去相信一些带来快捷利益的"门道"，这就是没有在适当的时间建立起同一感。他也许没看到自身努力和获得利益之间的关系，也许是把这种关系简单化、理想化了。

这些简单的介绍，一方面从宏观的角度简单讲解了埃里克森的八阶段论，另一方面是为了强调建立自我认识的时机和作用。

我们看到埃里克森在自己的理论中强调了必须是青少年期建立对自己的认识，这是和生理变化相联系的。但是事实上，很多人并不可能在那么早就成功且深入地对自己产生合理认识。

更多人对自己的认识是在经历过复杂的人际关系以及更深入的亲密关系后才逐渐建立起来的。也就是说，人需要以人为鉴，才能知道自己想要什么，想要发展成什么样子，这就需要更多的时间来成长。坦白来讲，有很多人年届中老年，都还无法产生对自己认识的同一感。

但这个理论有一点是合理的，就是如果对自己的了解不够深入，或者说产生了混乱，没有建立一个自己和自己的、自己和他人的、自己和过去现在未来的同一性，那么的确会影响人在其他阶段的成长发展。

譬如说，对于爱情的观点，有的人认为爱对方胜过爱自己是好的爱情，有的人认为爱自己胜过爱对方是好的爱情，究竟什么才是呢？

根据埃里克森的观点，我们可以发现，认识自己是一件非常重要的事，排前列，而建立亲密关系也很重要，但是排在认识自己之后，那么可以轻易得出结论：爱自己的人才会爱别人。

解释起来也很轻松，你怎么才能理解别人的需要？那当然是先理解自己的需要。你清楚自己会在什么情况下被照顾到位，当然就会知道怎么去照顾对方才能照顾到位，另一方面，你知道自己真正需要的是什么，就不会用非常多且复杂的要求去折磨对方、考验爱情。总而言之，认识自己才能建立良好的亲密关系。

1.2 如何认识自己

由上一节的解析我们看到了，想要真正理解情商这件事，首先需要对自己有个深入的了解。

这个深入自我了解的过程，正是前面陈述过的，需要重新去判断自己的成长经历，判断自己有记忆以来遭遇的所有对待，去想起对自己最原始的认知和判断。

大多数人对自己的原始判断都不会太好，原因在于，我们第一次开始看向自己的时候，大概率不是在一个和和美美的状况下。人的自我认知很可能有一个不太好的起点。

你可能正在经历一个很孤独的状况，你在哭，但是你的父母或者看护的人没有回应你。哭上三分钟，你就会开始怀疑自己是不是值得被爱。

或者是另外一种状况，你在哭，你的面前不仅是在哭的自己,还有故意让你哭起来的父母。这个时候,看起来所有人都要求你觉得自己是世界上最可怕的人,因为竟然做出了某件很可怕的错事。

这就是情绪记忆比较厉害的地方,你会随着时间慢慢忘记发生了什么事情,也可能还会忘记身处其中的某些细节,但是你很难忘记那个情绪。

人的一天大多数时候是处在安全又平淡的时间里,能谈得上大起大落的情绪并不会非常多,很多人对兴奋的情绪记忆不会太清楚,甚至有种"自己感到很幸福是不是件坏事"的感觉。于是痛苦的情绪记忆就会排在第一线留了下来,这也是漫长的历史发展,要求人类去记忆那些造成身心苦恼的事情,为了在头脑中构造一个安全版图,防止伤害再次发生。

也许你的童年成长是很美好的,但是一旦涉及自我认知,可能就会从别人的负面评价开始,因为这些评价往往是最难让自己承受的,会在瞬间引发内心的冲击,也在这个过程中我们会去思考自己。

因此,图省事简单去了解自己是个什么样的人,很容易陷入痛苦,会发现越想自己越不堪,很难有一个准确客观的评价,对此,我建议想要了解自己的人:第一,一定要给足自己时间;第二,在接纳自己的基础上去了解;第三,客观看待别人的评价。

第一点,一定要给自己充足的时间。我们成长了几十年,做了无数的事情,每一个细小的决定构成了现在的自己,所经历的每一件事情，不管是好是坏，都在重塑着我们的认知，我们可能昨天对自己亲密的人发了脾气，但不代表我们就是一个爱发脾气的坏人。

所有的暴躁只是情绪积累的迁怒而已，人在那一瞬间爆起来本身是基于一连串的导火索。偶尔的几次坏脾气不能定义我们本身，我们需要在一定长度的时间里去重新反思自己，去看到一连串自己的行为和所做出的选择背后，自己有什么样的认识和改变，有时间作为基础的反思才会具有深刻的意义。

第二点，要在接纳自己的基础上去了解自己。

接纳是一件很重要的事，我们要知道，我们每个人是不会被一两件事给定义的，人会犯错，甚至要犯过很多错，才会吸取教训并成长起来。区别在于，有的人在犯错后能迅速吸取到精髓，并且迅速成长，有的人看到了错误，也知道自己是错的，可是每次到了同一个地方就会又忍不住做出错误的选择。

这种一而再，再而三的犯错，并不是说谁比谁差很多，而是这个人吸取教训的过程会慢一点，没有连贯地提取出自己可能犯错的内在逻辑，也就导致了每次的总结都浮于表面，下次避免了表面的原因，却躲不开思想中那个致命的坑。

会这样的原因在于，这个人实际上是没有接纳自己会犯错误这件事。大多数人都是能理解自己会犯错误的，但是在理解错误的时候，难免会找到很多非自身的原因，这其实是一种自我保护模式，也就是人们会保护自己免于受到直面错误的痛苦。

五、用手账提升人生体验

这是一种很常见的思维模式，就是表面上认同自己的选择有问题，或者说自己的想法是有错误的，可是当向自己的内心探寻原因的时候，又会停止在当时造成这类选择的客观因素上。

接纳不是要让自己深深地去戳伤自己，而是去思考：自己做出某个选择的背后，真正想逃避的是什么。

举个例子，中老年人会比较容易陷入投资陷阱，不仅自己投，而且邀请身边的朋友一起投，或许有为数不多的投资还能回本，但大多数都是直接血本无归了。

这个背后的心理成因是什么呢？

正好就是中老年人难以避免的，不能正视自己且在逃避现实的心态。中老年人不能接受自己随着年龄增长而身体状况日渐变弱的现实，手上有点积蓄就很想通过赚钱来证明自己的能力。但是现实环境变化太快了，能力不再鼎盛，追求简单的方式来赚钱，就会比较容易契合那些投资陷阱给出的条件。

如果他们年龄再倒退十岁、二十岁，以他们的判断力或许可以轻松避开这种陷阱，但是伴随着身体和心理变化，就有点难了。

想要让自己不陷入逃避的情况，就要在接纳的基础上理解自己，在理解自己的基础上，理解身边发生的事情。

接纳自己就是要去看到自己最难忍受的那个自己，看看自己总会逃避的选项是什么，然后理解自己为什么总想去逃避之。这个理解非常重要，有时候人对自己行为的成因思考总是过少,如果能理解自己逃避的途径,再顺着这些途径审视一遍,通常就能对自己有一个全新的认识。

审视完以后,不是要纠缠过往不放,一直陷在过去,而是应该坦诚告诉自己,往事不可追,已经发生的事情没必要再去后悔。既然发生了,自己只是被事件推动的一个没有大力量的棋子,接受所发生的一切。

再去看看自己,总会在某些条件下,一定会做出某种选择,并且这个选择会伤害自己。那么,用明确的策略去避免自己陷入那个境地是更明智的方法。

第三点,客观看待他人的评价。

只要是人就一定要身处社会,只要身处社会就一定会面临别人的评价,但是,别人的评价可能并没有想象中客观,别人也只是身处洪流中的一分子,只能从他们自己的角度来理解一件事、理解一个人,只以这样的角度来观察,难免就会很偏颇。

萨特这位存在主义哲学家在他的《存在与虚无》中说过,人对他人的妨碍不仅是物质性的,也是精神性的。也就是说我们很多人很容易囿于他人的评价中。

萨特还通过他笔下的角色呼喊出了"他人即是地狱"这句话。对这句话的理解有两个方向,一方面,我们受制于和他人的关系,如果无法正确理解他人的评价,我们很容易就会被他人的评价所毒害;另一方面,我们自己也是他人障碍的制造者,如果我们和别人的关系恶化了,那么也必须承担关系恶化的后果，也就是说，我们既是受害者也是施害着。

这种从哲学高度来总结的句子，过了百年仍然具有极高的价值。可以说，我们很早就知晓了这些道理，但是应用起来时，却受限于各种条件，无法使用这些道理。

如果从行为的角度来看，想要客观对待他人对我们的评价，必须知道自己想要什么，很多人希望追求有格局的人生，有高级感的生活，不要随波逐流，不要庸庸碌碌，这种格局和高级感来自哪里？

如果不能来自我们对自己的认识，那么可以来自对我们需要的追求。

我们所追求的事情，会一遍又一遍地塑造自己。

1.3 寻找生命中最重要的存在

电影《无敌破坏王2》把迪士尼的所有公主都放在了一起，除了吐槽公主们的经历都很奇怪且没有妈妈以外，凸显了一个很有趣的主题：找到生命中的那潭水。

通过电影的呈现，每个公主都有过一个时期，痛苦，迷茫，不知道自己要干什么，但是，在遇到了生命中的那潭水，看向了那潭水以后，整个人生都改变了。

我对这个观点有极深的共鸣。我也曾经有过一瞬间，被生命之光照亮，知道了自己真正想要的是什么，然后勇敢丢弃了自己的过去，奔向了自己喜爱的新生活。那种感受就是阴郁彷徨的生命中，突然来了一束阳光，把身心全都照亮，我能感受到那就是我要的阳光，也能感受到那正是我一直以来想要追求的生活，而之后的一切，都顺理成章地开启了。

我的那潭水是我生命中的价值观，是我最在意的东西。

我们一生所能追求的东西并不多，这些都印刻在了我们的价值观里，并且通过价值观，我们的人生在不停向前做选择，而发现自己真正的价值观所在以后，就会被价值观指向一条通路，在这条路上，所有的荆棘丛林，都会在自己面前自动消失，并且长出绚丽的玫瑰。

我们所知道的价值观有：爱、社会关系、变化、安全、成为重要的人、成长与发展、回馈社会、金钱……

我第一次看到这些条目的时候，我选出了三个自己最在意的价值观：变化、成为重要的人、成长与发展。

我非常在意变化，如果我的工作没有变化，我的生活不能自由的话，我会为自己感到悲哀。我也非常想成为重要的人，这是我为更多人服务，耐心帮助更多人的初心。

成长与发展也是我生命中无比重要的事情，在三十岁充满魅力的身体和五十岁充满智慧的头脑之间，我更愿意选择后者，只有不停地成长能让我的生活充满力量。

而这三件事，促成了我的一个想法——我想成为一个作家，我想写东西，我想让自己写出来的东西帮助到更多的人，并且作家自由啊，只要有纸笔就不担心时空的限制。

那一瞬间，我看到了小时候对文字充满热情的自己，也看到了青年时期为一个排版翻来覆去弄了数小时的自己,还看到了十年如一日坚持看书的自己。这些瞬间,满满都是热情,我却没有发现这些事原来早就在我心里种了个种子,只待浇水湿润和阳光照进,而此刻,我都有了。

围绕着这个价值观,我开始成为一个别人眼中很自律的人,早上五点起床,晚上十点睡觉,日常跑步健身,用看书、学习和背单词来证明自己热爱打卡的激情。

我发现了坚持的妙处,也看到了坚持对我的改变。我从一个作息习惯不好的人,变成在朋友圈打卡早起两年多的人;我从一个没有长期健身习惯的人,变成每天坚持健身不间断的人;我从学习不管质量乱来的人,变成紧抓关键的人。

这些实实在在反映在了我的写文能力上。一年以前,我写的文章质量一般,也没什么人看;一年以后,我每周都有机会上推荐榜,有的问题本来没人关注,我答了就上热榜,我的文章会有很多人喜欢,也有人看我的文以后也开始表达恶意:你这是做公众号的吧!内容是为了博人关注编的吧!

对这些,我甚至都不感到生气,坚持得越不够,越对成果没有底。而实实在在坚持的这一年,已经让我明白,事件是在连续性发展的,既然是连续发展的,那么我的现在早已由我的过去奠定,改变现在的我,并不在当下,而在过去,我有踏实的过去,就不担心现在会遭遇困难。

我相信每一个人都会有自己最在意的价值观,这些价值观背后,都隐藏着自己内心的热望。

我问了很多人，有些人所选择的最在意的价值观是一样的，但自己想做的事却各有各的差别。

一个人的价值观是支撑他的目标的，只有和价值观相符的那些目标会被坚持下来。

譬如我曾经问一个朋友："你十年的目标是什么？"

他说："我想周游世界，至少去30个国家。"

我问："那你今年打算去几个国家呢？"

他说："还没有考虑。"

我又问他喜欢什么样的生活，他说，安稳平静的就可以了。

那我知道他这个目标实现不了了，因为一个喜欢稳定生活的人，是很难接受旅途中的奔波的，这就和他的价值观相违背。

事实也是如此，如今五年过去了，他并没有去任何一个国家旅行，总是借口很忙不能去。但那只能算是他不去的借口，因为他本来就不爱变化和冒险，就无力承担旅行中会有的风险。

每个人的成长环境不一样，对生活的认知不一样，而自己所喜爱的事情，也自然会有很大的差别了。

可以说，人都会有内心的热望，差别在于是否敢承认，是否敢说出来，是否愿意真诚地表达自己的野心。

而都已经看到这里了，假如不是跳着看的，如果前面真诚实践过一些方法，看到这里对价值观还没有什么感受的话，可

五、用手账提升人生体验

以把这些条目都抄下来,放到手账本里,慢慢去想,自己的那束阳光一定会降临的。

说到底,情商还是一件和自我认知有关系的事,一个能时刻洞见自己的人,情商自然不会有问题。

2. 量身定制目标

大多数书籍都会把这一节放在最前,但我却放在了后面,从这里开始往后的所有内容,是在许多书上都有提及的内容,也是许多书开篇的重点章节,但我却放在了最后。

原因在于,这些只是方法或者技巧,能治标,而真正治本的内容,都在前面。透过前面的观看和实践,很多人应该都对理清思绪有了概念,如果去做了实践更好,这样才能无负担地前行,用全新的视角去看对待个人生命的管理。

我们在清空自己的负面情绪,并建立很好的社交关系以后,就会愿意看向自己的内心。在内心中,寻找到自己的定位以后,目标就顺理成章,成为我们的助力了。

2.1 该如何定制目标

这是一个很简单的问题,很多人却都在问,当然更多人问的方式就是,实在找不到自己的目标了,实在不知道自己需要什么了,干脆就否认人需要目标这件事好了。

实际上目标非常重要，对人生的影响是决定性的。

第一，有目标的人能获得更有目标感的人生。

人是一种目标驱动型的动物，当一个人有目标的时候，就会很坚定地追随目标。但是，这个花花世界太大了，大到不想帮助每个人追寻自己的目标。所以，现在许多人的坚持，实际上是坚持别人的目标，自己并不喜欢那样的生活，但是大家都那样，那我也跟随吧。

就像一个小孩，她可能这秒钟想吃冰激凌，家长说不行，用玩具一逗就忘记了。每时每刻都去追寻自己想要的目标，那么即便走得慢一点，也能不留遗憾。

第二，为自律和坚持找到动力。

我们常听到说，人要自律，可是自律的动力到底在哪里呢？正在你的目标里。你想要的人生里，藏着你的动力。

我个人所坚持的习惯，会把我带去我想要的终点，当我去思考我未来图景的时候，我不会觉得茫然不知所措，而是每一刻都成就满满。

有了工作的人，很不容易找到自律的依据，因为工作就已经很多了，如果还要坚持，还要自律，想想都觉得可怕。可是人到了三十岁，甚至四十岁，自己的平庸就真的会被所有人看到。即便再认为自己怀才不遇，也不会有人同情，因为你本人就没有什么目标。

如果你的职业要求你，每天保持读书的习惯，可是，因为没有内在动力支撑，那么早上立了目标，到晚上就忘记了，因为事情太多。

成年人的世界就那么残酷，你不为自己坚持，就必须跟从别人。

有朋友职业上还想上进，却被琐事缠身，没有机会腾出心神来思考人生想要什么，但是不思考的话，别人不会看到，不会看到，就没有上升的机会。

第三，目标帮助你养成坚定的性格。

如果你每一件事都知道自己的目的是什么，那么你就会努力朝着你的目标前进。如果你知道你这句话对对方说了有什么目的，那么你就不会在发送以后去思考还能不能撤回。

譬如在职场上，今天要追求一个业绩目标，但却遇到种种困难。有目标感的企业，会不停提醒每一个人，你要完成的目标是什么，因为很多人会去插手别人的事情。

再譬如，面对哭闹的孩子，他此刻需要吃一个冰激凌，然而你不愿意给，那么就不给，这是常理。但是，孩子有一千种办法来让你给，面对这种情况，想想自己的目标，就不会被孩子"带节奏"。

总之，知道自己目标的人是幸福的，你所追求的，是自己真正想要的，而不是随便什么人要求你的。

明白自己想要的人更是幸福的，你会比别人拥有更高的格局、更长远的眼光。

如果要我帮忙确定一个人生目标，我通常会先问对方，你觉得自己六十岁想过上什么样的人生？

每个人看到这个问题,都会很清晰地给出回答,差别只在于敢不敢说。

六十岁是个很有意思的时间,你可能会在这个时间退休,过上自己真正想要的生活,有可能有婚姻,有可能还有孩子,事业上还有一个预期。

很多吵架吵到要离婚的夫妻,你去问,他六十岁想过上什么样的生活,你的身边是谁?有 80% 心里还是对方,那为什么吵架到离婚呢?恐怕是一时之气和一时过不去的坎。

但如果把目标放长远,看到自己六十岁的生活,一时的东西,又算得了什么?有了六十岁的蓝图,我们接下来就可以思考十年的、五年的、三年的、一年的,半年的、一个月的,到一天的。

我们总对十年的想象太美好,而十年内能做到的又实在太少。如果想在十年后,在职场上有一定的发展,那么现在还是临时工、人际关系不太好、领导不太喜欢的你,是不是该有所反思?

从十年开始往后思考,每个板块都设立清晰可量化的人生目标,你就会发现,自己离想要的生活越来越近,如果没有,那就是你做得还不够。

2.2 日常目标的九个维度

我是从十年目标开始细化的,这个细化的过程,让我更加明确了每一天努力的方向,每个月我都会先立一个总目标,然后再简化成日常打卡项目和具体在月度计划表中的每一格。

九个维度的目标计划,是用九宫格的形式呈现的。我会在第一行中间一格开始顺时针写,职业发展、财务状况,接下来写健康保障、休闲娱乐,后面是家庭管理、重要人际,再往后是个人成长、目标成就和总结。

我们把日常目标分为九个维度,四个层级。

第一,经济基础层级。

在经济基础层级里,有两方面的目标。

一个是职业发展,一个是财务状况。

职业发展,不一定是你的职位、岗位有上升这种不完全靠自己决定的东西,但是可以是具体做某件事。

譬如我职业发展十年的规划是3000个小时的咨询,以及写完五本书大约100万字。

那么相应的,我的五年规划就是1500小时的咨询,写完三本书大约50万字。

三年就是900小时咨询,写完一本半的书大约30万字。

一年就是300小时咨询,写完半本书大约10万字。

一个月就是25小时的咨询,写完大约一万字。

一天就是1个小时的咨询,写大约400字的内容。

这个规划并不是很大,甚至从单一天来看的话,工作量其实非常小。但是,规划上不给自己太大的压力,对激发潜力其实是有帮助的。

我目前基本每天的输出约有 5000 字,如果我哪天生病了,或者单纯就是不想做了,我可以坦然地告诉自己,可以啦,你这个月已经做得够多了。

同理,如果我一时无法实现很高的咨询量,但是,当我能有条件实现的时候,也不会压迫自己,就能比较轻松平和地去等待时机。

人在没有后顾之忧的时候,就会更加一往无前。

财务状况也是同理。每个人的经济目标不一样,是否要投资,是否有理财计划,这里都可以写上去。可以让自己明白哪部分是自己的固定工资收入,还有哪部分能帮自己实现财务自由。

如果你看得够仔细,就会发现,我的每个目标后面都跟着数字。数字的作用就是可以方便量化。有人的财务目标是,我希望十年后能买房子。

这个就是不可量化的目标,是什么房子?价格是多少?是全额还是分期?地段在哪里?千万别说"到时候看",到时候就更买不起了。

或者有的人的目标是,我希望十年后有一笔积蓄。也是同理,积蓄是多少?用途是投资理财还是未来养老?是工资得来的,还是某部分投资带来的收入?

给自己一个可以量化的标准,这样就能更好地帮助自己实现自己的目标。

第二,身心健康层面。

读书的时候，我们知道，每天死读书的人其实是读不好书的，职场上也一样。

健康保障我是给自己设置要健身多长时间这样的目标。十年是 10 万个小时的健身，一天基本 30 分钟的健身需求。同时我希望能学一种武术，为了学一种武术，我就得各种类型的武术都了解，最后确认自己喜欢的。

健身最方便的就是记录在软件上，用软件打卡对自己记录时间来讲就很友好。

娱乐休闲的目标，我给自己定的是十年看 100 部电影、10 部美剧、去 10 个国家旅行。

仍然是对自己很低的要求，因为这样的话，基本一年 10 部电影、1 部美剧、去 1 个国家旅行。

很多人认为娱乐休闲不重要。我甚至看到过，有人写，如果不实现某某，就不休闲娱乐。可人不是工作机器，为了工作什么休闲娱乐都没有，这是不可取的。就像一场马拉松，对一个非常普通的人来说，5 千米的马拉松，你可以 5 分钟甚至 4 分钟跑一千米，10 千米的用 5 分钟跑一千米或者 6 分钟跑一千米你不会很累，半马的配速 6 分钟或者 7 分钟不会很累，全马的配速 7 到 8 分钟，你感觉能受得了。

我遇到过一个跑 100 千米山地马拉松的姐姐，相当于边爬山边跑，她的配速算很高的，是 16 分钟一千米。

当你越难的时候，越要给自己足够的休息和很好的心态，这样才能保证你可以走得更远。

第三，人际管理。

人际其实分家庭内的亲密关系，还有家庭外的社会关系。

亲密关系里，看望老人的次数，要有一个规划，我的奶奶、外公、外婆都还在，对他们的探望也是看一次少一次了。

十年前说这话的时候觉得还不可能，但是现在就是这种感觉。对自己的父母也是一样，工作加生活的压力，其实已经逼迫得我们顾不了亲情。

但是，亲情是真的能给予力量的，因为外界只关心你飞得高不高，只有亲人关心你飞得累不累。

天天吃外卖的肠胃，可以被妈妈一顿温暖的家常饭菜给治愈，心灵也是一样。

社会关系其实也很重要，给自己的导师打几个电话，发几条短信，或者给重要的朋友发个消息，不要等到需要别人帮忙的时候才发消息。

我身边事业做得特别大的人，都是人际关系的能手。你会怀疑他们怎么有那么多的精力和脑力去关心别人，但这恰恰就是他们工作能力的证明。

社会关系里其实也是符合10000小时定理的，你和一个人真的能相处10000个小时的话，可以说是看尽了他的优缺点了，你们的关系自然会很深入。

第四，个人提升层面。

个人成长很重要。

我安排的是，学习网课，去年学了法语，现在学完了，目前开始学绘画。还有读书规划，我规划一年读 20 本书，其中 5 本是难读晦涩的。

很多人规划一年要读 50 本书，一个月读四五本，一天就读个十多页纸，结果一本都读不完，或者读完也是没什么用的书。每个人的读书习惯不一样，领悟程度其实也是有差别的，所以不要求快。

另外还有读书的时机。对一个事业上要发展、回家要放松的人来讲，基本没有什么条件坐在桌子面前读书。

特别还有我们这样需要带娃的妈。所以我推荐用 Kindle。过去出门会带本书，有条件的时候看看，但是好事者真的是很多，他们会各种好奇，你为什么不看你本专业的书？你怎么不看你工作需要用的书呢？有了 Kindle 以后，这些问题就能迎刃而解了。

目标成就方面，你想要获得几次领导的口头赞许？

我写的文章，想要达成一个什么样的点击量？都是可以写在里面的。个人建议，随性一点，因为数字能激励自己，也会带来很多压力。

譬如一次领导的口头赞许，其实已经够了，严酷一点的领导可能一年也赞许不到一次，还会让自己迷失方向。最重要的还是自己看待问题的方式吧。

第五，总结。

总结栏我会写在九宫格的正中间里，视觉上也会比较好看一些，我认为人是不可能实现自己所有目标的，再少都会有难度。

放在中间的总结栏就是告诉自己，所有目标里，哪个目标最重要,把那个目标拿出来专门写下来,别的目标没实现都不要紧,最重要的目标成功了,你的整体计划就算是成功了。

2.3 如何去坚持一个目标

第一,目标要可以量化才能实现。

大多数人都会对设立目标有一个概念,但是真正设立的时候却很难保证执行,原因在于,这些人所设置的目标没有量化的机制。

所谓的量化就是,不管设立一个什么样的目标,都要配合有数字。想要实现目标,就需要通过数量,让细节能准确实施。

人是会被数字激励的。

譬如你让一个小孩弹钢琴,你告诉他练到能让听的人满意为止,那么这个小孩要克服很大心理压力才能开始弹琴。但是反过来说,你明确告诉小孩,弹五遍就可以了,对小孩子,练五遍也的确是够了,那他就只需要记住弹五遍,而不用去关注弹琴很难,或者"让别人满意"这些事了。

我见过一个人,设立一个目标说,我要读完某出版社经典名著里所有的书。

我问,这套丛书有几本?

他说不知道。

这种就是属于空泛又很大的目标,设立之日就没有可实现之期。我告诉他,这套丛书有好几个部分,分为哲学、政治学、社会学、心理学等。你只能先确认你要读某一个类目的，然后查查有多少本，有没有绝版、孤本之类，再确认一下，绝版孤本你有没有必要看，最终形成一个数字，配合你打算的，一年看几本，那么才会知道，你会花多久来实现。

具体可实现的计划很重要，决定了你能用什么方式去完成你的目标。

第二，从一件可以在手机上打卡的事情开始。

可以在手机上下载一些带有辅助计数功能的软件，并且能查看坚持了多少天，对于能看到效果的事情，人会更有动力坚持，看不到效果，分分钟就放弃了。

第三，有专门的时间来坚持。

我能坚持健身，因为我能腾出专门的时间来坚持。

换句话说，这段时间，我做这件事更有效率，别的事都不行，那就能坚持下来。

早前，我是每天早起以后健身，后来办了健身卡，早起以后健身就不是非常必要的事情了，我把健身时间就腾挪到了中午。伴随着健身时间的腾挪，我差一点早起都没有动力了。然而，有幸我开始了早起写文。

所以，列出单独的时间是坚持做下去的必要保证。

两年的坚持，让我很有感触。

感触一：我认为，没有事情是做不到的。

坚持 700 多天以后，我内心更强大了。时间拥有魔力，只要相信时间的力量，一点一滴地去坚持一件小事，总有一天能成就一件大事。

譬如说健身，在我坚持100天的时候，我会去琢磨为什么我的马甲线还没有出来。300天的时候，我发现了自己的马甲线，高兴得到处跟人炫耀。如今，我完全不在乎了，因为健身就是我的日常，我并不需要为了某个目标去做什么。

重要的是700多天的肢体协调力，不是100天能比的，稍有难度的动作，对我而言也不成问题。

感触二：一口吃不成胖子，还是别逼死自己了。

我起初背单词的时候，一天背100个，复习120个，压力巨大。那时候真的觉得暗无天日，60天背完一本6000个词的词书又如何，可能背完忘记了一半。

然而现在，我只背30个单词，背100天、200天、300天，能记牢，并且不害得自己崩溃掉，就可以了，其他的，交给时间解决。

感触三：时间其实过得很快。

看起来上百的数字很厉害的样子，其实并没有。因为时间转瞬即逝，比自己想的还快。

什么都不做，时间会过去，什么都做，时间也是这么过去的。怎么让自己过得更丰满，其实完全在自己当下的选择。

2.4 遇到坚持不下去的情况怎么办

我敢肯定你有目标，我也敢肯定你对目标有过坚持不下去的时候。我甚至敢肯定,也许正是因为怕难以坚持目标,你才始终都没有开始。

其实,任何人都会碰到坚持不下去的时候。因为要日复一日地做同一件事,本身就是很困难的。现实条件不一定能满足你每天做同一件事。并且同一件事枯燥乏味,不是每个人都能克服得了的。

事实上,坚持不下去的人都放弃了。通往同一目标的通道一直都不拥挤,因为能有退路的人都退下来了。你能看到一场马拉松,有全马、有半马,还有10千米欢乐跑、3千米亲子跑。

为什么?

因为通向目标的通道很窄,要给更多的人留下退路。遇到坚持不下去的情况怎么办?

第一,衡量一下自己的远景目标。

如果目标一直都是自己渴望的,这就会成为坚持下去最大的动力。

我对健身很坚持,但健身只是我生活的日常,辅助我拥有更好的状态,我不会为了健身去做超越自己能力的事情。譬如我不会跑全马,10千米跑对我而言就够了。

因为我的目标仅此而已,所以我会放弃跑全马,甚至可能一直放弃下去。

但是,我对文字是很有执念的,所以,目标定得再高,我也会去努力完成,如果写不完,我就会努力地去把其他事情压缩,或者安排其他时间来写作,这就是远景目标带给我的激励。

第二，把对核心事件以外的依赖降低。

我们做一件事，事件核心其实很少，有时候阻止我们坚持下去的是核心以外的事情。大多数人没有理解，做一件事的真正内核，只占整件事的 20% 不到。

例如在电影《碟中谍》里，男主角的目的是要完成任务，拿回核原料，这件事只是其中的 20% 不到，为了完成这个任务，他要扒飞机，要酷跑，要攀岩。

一件事坚持下来，其实就是铁打的核心，流水的条件。譬如，健身你需要一块场地，但是，并不等于你必须要去健身房才能健身。所以，如果摆脱对健身房的依赖，那么任何场地都能成为运动场所。

再譬如，写作过去是依赖纸笔的，但是现在写作还依赖纸笔的人怕是不多。如果写作必须要坐在书桌前，打开电脑，放杯咖啡，优雅完了以后才能开始写，那一般也不会长久了。

写作依赖的是头脑，当然，再简陋还是应该随身携带电脑或者 iPad 之类，方便你能去贯彻。

只要能抓住坚持一件事的核心，其他的再怎么变化，都不会影响这件事的贯彻实施。

第三，放松，放轻松。

你没坚持下来，其实其他人也可能没有坚持下来。你今天做不完这件事，明天再做也是一样的。实在做不下去的时候，不妨去放松休息一下，能缓解自己对坚持的紧张。

我通常很少发语音消息，但是最近因为都是在看文字，就有点厌弃。所以和朋友聊天的时候，我就把这个需求告诉了朋友们。朋友们都很配合，给我发来了语音，那种时候，就觉得自己得到了治愈。

第四，原谅做不到的自己。

内疚感是世界上最可怕的感觉了，对人的伤害是所有负面情绪中最大的。

很多人发了脾气，可能发脾气本身并不对他有什么伤害，但是，他会沮丧几天。因为，他发脾气的对象不对，或者什么别的问题，他内疚了好几天。

有时候，不妨对自己宽容一点。我会告诉自己，做不到，就是因为自己不想做，譬如上面说，看书坚持不了，是因为自己要休息。

不要进入做不到的恶性循环，我做不到，然后怪罪自己做不到，最后更加做不到。

应该是，我做不到，今天做不到，明天做不到，但只要不曾彻底放弃，总会做到的。逼迫自己，或者看到别人做到了，自己没有做到，就狠狠地怪罪自己，是非常不可取的。

人是需要动态平衡的，总会到一个时间，各种机缘告诉你，现在，你有唯一的选择，这个选择，在你的心里早已经埋藏了很久，努力实现它吧。